KB138603

알베르트 아인슈타인

알베르트 아인슈타인

이종호 지음

한 과학자의 위대한 꿈

인물과 사상사

머리말

100년에 한 명 나오는 천재 과학자

학자들은 지구인들이 과학의 길로 들어선 이래 100년에 한 명 꼴로 천재가 등장한다고 말한다. 15세기 지동설을 주장한 니콜라우스 코페르니쿠스Nicolaus Copernicus, 1473~1543, 16세기 '그래도 역시 그것은 움직인다'고 말한 갈릴레오 갈릴레이Galileo Galilei, 1564~1642, 17세기 만유인력을 확립한 아이작 뉴턴Isaac Newton, 1642~1727이 그런 천재들이다. 18세기에는 연금술을 화학으로 승격시켜 현대 물질문명 시대를 이끈 앙투안 로랑 라부아지에Antoine Laurent Lavoisier, 1743~1794를 꼽는다.

과학기술이 급속도로 발전하기 시작하는 19세기에는 일반적으로 두 명을 거론하는데, 진화론의 찰스 로버트 다윈Charles Robert Darwin, 1809~1882과 상대성 이론의 주인공 알베르트 아인슈타인Albert Einstein, 1879~1955이다. 그렇다면 20세기에는 누가 천재의 반열에 올랐을까? 대체로 현대 문명을 이끄는 컴퓨터의 아이디어를 제시한 앨런 매시선 튜링Alan Mathison Turing, 1912~1954, 타임머신과 블랙홀을 연계시킨 스티븐 윌리엄 호킹Stephen William Hawking, 1942~2018 두 사람을 꼽는다. 다만 아직 20세기를 걸치고 있는 사람이 많으므로 확정적이지는 않다.

아인슈타인이 100년에 한 명 정도 나오는 천재로 꼽히는 이유는 간단하다. 그가 선배 천재들처럼 인간의 현대 문명사에서 큰 역할을 했기 때문이다. 아인슈타인의 업적을 단적으로 보여주는 이야기가 있다. 만약 아인슈타인이 2020년, 즉 140세까지 살았다면 노벨상을 여섯 개나 받았을 것으로 추정한다는 점이다. 노벨상은 사망한 사람에게는 수여하지 않는다. 아인슈타인은 살아생전 노벨상을 단 한 개밖에 받지 못했지만, 그의 이론은 사후에도 인간들에게 지대한 영향을 미쳤다.

아인슈타인을 인류 역사상 최고의 과학자 중 한 명으로 거론하는 근거는 그가 인류 역사상 가장 폭넓게 현대 과학 문명의 한 장을 이끌었다는 데 있다. 대표적인 것이 바로 상대성 이론이다. 아인슈타인은 만약 우주에 출발점이 없다면, 어떻게 사람들이 우주에 관한 모든 것을 알 수 있는가 하는 의문점을 가졌다. 그는 이 해결책으로 어떤 우주의 사건에 관련된 관성 좌표계가 있어야 한다고 생각했다. 관성 좌표계가 꼭 지구여야 할 필요는 없다. 태양 또는 그 어떤 구역에서 가장 편리한 것을 선택하면 된다.

예를 들어 행성의 운동을 기술할 때는 지구 중심의 관성 좌표계보다 태양 중심의 관성 좌표계가 훨씬 편리하다. 따라서 공간과 시간의 측정은 주어진 관성 좌표계에 따라 상대적인 것이 되며, 이러한 아인슈타인의 이론을 '상대성 이론'이라고 한다.

아인슈타인의 '상대성'이라는 말을 보다 쉽게 설명하면 다음과 같다. 사람은 고래보다 작다. 그러나 사람은 개미보다 훨씬 크다. 그렇다면 사람이 큰지 작은지는 누가 알 수 있을까? 개미가 보면 사람은 엄청나게 크지만, 고래가 보면 사람은 매우 작다. 그렇다고 사람의 키가 달라지는 것이 아니다. 즉, 누가 사람을 보느냐에 따라서 사람의 키를 평가하는 것이 달라진다는 뜻이다.

이를 정확하게 묘사한 것이 조너선 스위프트 Jonathan Swift, 1667~1745의 풍자 소설 『걸리버 여행기』다. 걸리버는 키가 작은 사람들이 사는 나라 릴리퍼트에 도착한다. 걸리버는 당연히 릴리퍼트 사람들을 소인이라고 생각하고, 릴리퍼트 사람들은 걸리버를 거인이라고 생각한다. 이는 자연스러운 일이다. 그런데 만약 릴리퍼트 사람들이 걸리버에게 소인으로 보이면서 걸리버도 릴리퍼트 사람들에게 소인으로 보인다면 어처구니없다고 생각할 것이다. 다소 말이 안 되는 이야기인데 아인슈타인은 그런 상황이 벌어질 수 있다는 것이다.

상대성 이론은 내가 생각하는 것과 다른 사람이 생각하는 것이 상대적으로 다를 수 있음을 각인시켰다는 점에서 충격적이었다. 또한 우리가 보고 있는 것이 절대적인 지식이 아니라는 사실을 분명하게 보여주었다.

이러한 극적인 상황은 인간들이 평소에 생각하지 못하는 거대한 우주 분야로까지 펼쳐진다. 아인슈타인이 만들어준 세계가 남다르다는 뜻으로 그의 이야기를 찾아본다.

2023년 4월

이종호

차례

인지 발달이 늦은 외톨이

20세기 최고의 과학자는 어떻게 탄생했나

과학에 문외한이라도 학교를 다녔다면 아인슈타인을 모르는 사람이 거의 없을 것이다. 사실 아인슈타인의 이미지는 우리에게 매우 친숙하다. 애니메이션이나 SF 영화에 나오는 천재 과학자들의 얼굴은 대부분 아인슈타인을 모델로 하기 때문이다. 지구에서 태어난 사람 가운데 아인슈타인처럼 문화적으로 상징이 된 사람이 또 있을까.

아인슈타인은 젊은 시절 공간과 시간, 중력에 대해 완전히 새로운 이론을 제시해 물리학계에 큰 충격을 안겨주었다. 그는 자서전에서 다음과 같이 적었다.

"뉴턴, 나를 용서하시오. 당신은 가장 고결한 사고와 창조력을 지닌 사람입니다. 하지만 그건 당신의 시대에 국한된 일입니다."

뉴턴에게 이처럼 당당한 글을 쓸 사람이 과연 누가 있을까. '만유인력'이라는 단어를 만들어준 뉴턴은 실로 대단한 발견을 했다. 그는 순전히 혼자의 힘으로 우주 전체에 작용하는 어떤 요소를 설명할 수 있는 체계를 세움으로써 근대과학을 열었다. 더구나 수학에 기초해 마련한 이론을 구체적인 실험을 통해 확증한 것도 그가 처음이었다.

뉴턴은 우주의 모든 것을 규명할 수 없었다. 그의 만유인력이 전 시대를 통틀어 가장 중요한 과학적인 개가임은 분명하지만, 뉴턴의 이론은 어떤 특수한 상황에서는 적용되지 않았다. 당시 학자들은 뉴턴의 이론이 만물의 현상을 설명하는 데 미비한 점이 있고, 뉴턴의 이론에 결함이 있다는 것을 알았지만 그것이 무엇인지를 밝혀낼 수 없었다. 아인슈타인이 등장할 필요충분조건이 마련된 셈이다.

아인슈타인의 생애

아인슈타인은 1879년 3월 독일 슈바벤의 울름이라는 작은 마을에서 태어났다. 아버지 헤르만은 발전기와 아크(전기 불꽃) 등을 만드는 조그마한 공장을 경영했고, 어머니 파울린은 피아니스트였다. 울름에는 그 당시 세계에서 가장 높다는 160미터의 탑이 있었다. 이 탑과 아인슈타인의 집은 제2차 세계대전 때 연합군의 폭격으로 모두 파괴되었다.

아인슈타인에게는 위대한 인물이 될 운명을 타고났다는 징조 같은 것이 전혀 보이지 않았다. 오히려 그의 어머니는 아이의 머리가 지나치게 큰 것을 보고 처음에는 기형아인 줄 알았다고 한다. 아인슈타인은 두 살 반이 되도록 말을 못했으며, 마침내 말을 시작했을 때는 뭐든지 두 번씩 말했다.

학교에 입학해서도 독일어가 어눌하고 자폐 증상과 난독증이 있어, 다섯 살 무렵 입원까지 했을 정도로 인지적인 발달이 매우 늦은 편에 속했다고 알려진다. 어린 시절 아인슈타인은 다른 아이들과 어울릴 줄 몰라 주로 혼자 놀았고, 기계를 작동해서 움직이는 장난감을

© YouTube

세 살 때의 아인슈타인.

무척 좋아했다.

아인슈타인의 어머니는 어린 아들에게 믿음을 심어주었다. 피아니스트였던 그녀는 아들에게 남들과 다른 특별한 재능이 있다고 격려했다.

> "너는 세상의 다른 아이들에게 없는 훌륭한 장점이 있으므로 너만이 감당할 수 있는 일이 너를 기다리고 있다. 그 길을 찾으면 너는 틀림없이 훌륭한 사람이 될 거야."

『아인슈타인 음악에서 수학적 구조를 발견하다』를 쓴 홍익희는 어머니 파울린 코흐가 아인슈타인에게 '최고Best'가 아닌 남과 다른 '독창성Unique'을 강조하면서 아인슈타인만의 재능을 찾으라고 다독거린 것이 아인슈타인에게 큰 영향을 미쳤다고 평가했다.

학자들은 아인슈타인에게 특별한 재능이 엿보인 시기는 다섯 살 무렵 아버지가 나침반을 사주었을 때부터라고 설명한다. 아인슈타인은 항상 북쪽을 가리키는 나침반 바늘의 움직임을 관찰했다. 그러고는 바늘을 끌어당기는 우주의 힘이 숨어 있음을 어렴풋이 느끼면서 우주의 힘이 어떻게 자기에게까지 오는지 궁금해했다고 한다. 한마디로 어려서부터 그가 물리학에 남다른 호기심을 보였다는 것이다.

아인슈타인의 어머니는 그가 여섯 살 때부터 피아노와 바이올린을 가르쳤는데, 처음에는 배우기 싫어해 1년쯤 하다 그만두었다고 한다. 어머니는 강요하지 않았는데, 몇 년 뒤 아인슈타인 스스로 모차르트 음악을 연주하고 싶다며 다시 바이올린을 배우기 시작했다. 아인슈타인은 훗날 전문 연주가에게도 뒤지지 않을 만큼 바이올린을 솜씨 있게 연주했고, 일생 동안 바이올린을 손에서 놓지 않았다. 인류에게 다행한 것은 그가 바이올린 연주보다 물리학에 재능이 더 뛰어났다는 점이다.

아인슈타인은 스스로 원해 다시 시작했으므로 최선을 다해 바이올린을 연습했다. 어느 날 그는 모차르트 음악이 수학적인 구조로 되어 있음을 깨달았다. 그는 미처 깨닫지 못한 것에 진리가 숨어 있다고 인식하고, 스스로 깨닫는 것이야말로 중요하다고 생각했다.

아인슈타인은 여덟 살 때 초등학교에 입학했는데, 다른 아이와 달리 사물을 차분히 생각하는 성격 탓에 선생님이 수학 문제를 질문해도 그 자리에서 대답하지 않거나 한참 뜸을 들이는 버릇이 있었다. 이 때문에 학업 성적은 좋지 않았고, 담임은 성적 기록부에 '이 아이는 나중에 무엇을 해도 성공할 가능성이 없음'이라고 적었다. 만년에 아인슈타인은 그때를 회상하면서 완전한 문장으로 말하려는 욕심이 있어 무언가를 말하기 전에 조용히 혼잣말로 연습했다고 밝혔다.

과학자 아인슈타인만큼 학자들로부터 집중적인 조명을 받은 사람은 거의 없다고 해도 과언이 아니다. 특히 유대인 가정에서 태어난 아인슈타인이 어려서 지진아로 분류되었다는 사실도 잘 알려졌는데, 이는 자폐증상과 난독증 때문으로 추정한다. 그는 어렸을 때 다른 학생들과 다소 다른 행동 때문에 따돌림에 시달렸고 선생님의 평가도 좋지 않았다.

이를 보면 아인슈타인의 어릴 적 학교 성적이 매우 나빴을 것으로 추정하는 것은 자연스러운 일이다. 사실 그에게 따라다니는 이야기는 김나지움(중고등학교)에서 낙제생이었다는 주장이다. 인류 사상 최고의 천재 중 한 명으로 알려진 아인슈타인이 낙제생이었다는 이야기는 수세대에 걸쳐 형편없는 성적표를 받은 학생들에게 위안을 주었지만 이는 사실이 아니다.

최근 자료에 따르면 아인슈타인은 열 살 때 뮌헨에 있는 김나지움에 들어갈 무렵에도 말이 서툴고 공부에 열을 올리지 않았지만, 사람들이 흔히 알고 있는 것과 달리 열등생은 아니었다는 것이다. 그는 특히 암기를 기본으로 하는 라틴어를 싫어해 라틴어 공부를 전혀 하지 않은 것은 사실이지만, 수학이나 과학 공부는 매우 열심히 했다.

아인슈타인이 낙제생이라는 이야기는 그야말로 엉뚱한 학사력 때문이다. 아인슈타인이 다닌 학교는 1886년에 성적 시스템을 거꾸로 바꾸었다. 예전에는 6등급이 최하 등급이었지만 개편 후에는 최상급이 되었고, 과거 최상급인 1등급은 최하 등급으로 낙제를 의미했다.

아인슈타인은 학교 성적 체계가 바뀐 뒤에 다녔고, 6등급 중에서 4.91등급으로 상당히 좋은 성적을 받았다. 한마디로 6점 만점에 4.91점은 평균 80점이 넘는 성적이다. 아인슈타인의 성적표를 보면, 그가 최하 등급인 1등급 근처의 성적을 낸 적이 한 번도 없음을 알 수 있다. 아인슈타인은 모든 과목에서 우등생은 아니었지만 결코 낙제생은 아니었다.

아인슈타인의 어린 시절을 면밀히 분석한 학자들은 어렸을 때 자폐증과 난독증 등으로 발달이 다소 늦었다는 것은 사실로 보이지만, 그가 상상력과 독창성으로 무장한 뒤에는 낙제생이었던 적이 없었다고 단언한다. 최소한 아인슈타인이 낙제생이었다는 누명은 벗겨주어야 한다는 뜻이다.

사실 아인슈타인은 대학 시절에도 특별하게 뛰어난 학생이 아니었다. 반항적인 태도로 교수들과 마찰을 빚었고, 1900년 졸업 후엔 전공 관련 일자리를 얻지도 못했다. 그래서 아인슈타인은 과외 교사 자리를 구한다는 전단 광고를 내기도 했다. 특허국에 취직한 것도 친구 아버지의 도움으로, 요즘으로 치면 특혜 채용된 것이다.

그럼에도 그는 세계 최고의 과학자로 올라섰다. 아인슈타인에 관한 책을 쓴 홍익희는 아인슈타인의 탁월함은 상상력에 있다고 말한다.

> "상상력은 지식보다 중요하다. 지식엔 한계가 있지만 상상력은 세상을 감싼다."

“나는 말로 생각을 한 적이 거의 없다. 생각이 먼저 떠오르고, 그런 다음 말로 표현하려고 애썼다.”

창조란 ‘상상력’을 통해 기존에 없던 것을 새롭게 만들어내는 것이다. 상상력이란 글자 그대로 ‘생각想한 것을 그려내는像 능력力’이다. 21세기 들어 상상력은 시대의 화두이자 가장 중요한 경제 동력이다. 학자들은 아인슈타인이 세계 최고의 천재가 될 수 있었던 원천은 상상력이라고 입을 모은다. 그런데 정작 아인슈타인은 자신이 천재라는 말에 크게 공감하지 않았다. 그는 자신이 천재라는 말에 ‘나는 똑똑한 것이 아니라 단지 문제를 오래 연구할 뿐이다’라고 말했다.

독학으로 공부

1894년 그의 가족이 이탈리아 밀라노로 이사했지만 아인슈타인은 김나지움을 졸업하기 위해 혼자 뮌헨에 남았다. 그러나 아인슈타인은 수업 방식이 마음에 들지 않자 6개월의 휴학원을 제출한다. 그가 휴학원을 제출하자 라틴어 선생은 반기면서 이렇게 말했다. "가능하면 6개월이 지나서도 학교에 돌아오지 말거라. 너는 반에서 언제나 외톨이인 데다가 다른 학생과 어울리려고도 하지 않아. 예습도 복습도 하지 않으므로 너 같은 학생이 있으면 반 전체의 분위기가 흐려져서 못쓰게 되거든."

아인슈타인은 교사에게 학교에 나오지 말라는 말을 들을 정도로 학교생활에 충실하지 않았지만, 아인슈타인 전기 작가들은 그가 학창 시절에 자신이 원치 않은 과목을 전혀 공부하지 않고 그 시간을 독자적인 사고에 투입했기 때문에 그의 생애에서 가장 중요한 아이디어를 구상할 수 있었다고 말한다.

아인슈타인은 자신의 집에서 하숙하는 유대인 의과 대학생에게서 교양 과학 서적들을 빌려서 읽었다. 그중에는 애런 베른슈타인Aaron Bernstein, 1812~1884이 쓴 『시민을 위한 과학The People's Natural Science Books』이 있었다. 이 책은 모두 열다섯 권이나 되는 대형 전집인 데다 다양한 그림을 수록했으며, 아이들도 쉽게 이해할 만한 내용으로 채워져 있었다. 아인슈타인은 이 책을 모두 꼼꼼하게 독파했다고 한다. 그가 어려서 백과사전을 모두 읽었다는 사실은 놀랍다.

학자들은 아인슈타인이 『시민을 위한 과학』에 심취한 것이야말로 그의 미래를 새롭게 여는 계기가 되었다고 설명한다. 이 책에 아인슈타인의 일생을 결정적으로 좌우하는 중요한 내용이 있었기 때문이다. 놀라운 것은 베른슈타인이 빛은 입자이며 중력장에 의해 휠 수 있다고 서술했는데, 이는 바로 아인슈타인이 도출한 상대성 이론의 근간이라는 점이다.

이 책은 다른 의미에서도 소년 아인슈타인에게 충격을 주었다. 아인슈타인은 자서전에서 다음과 같이 적었다.

> "열두 살 때 열렬했던 신앙심을 버린 것은 베른슈타인의 책을 읽고 난 후였다."

학자들은 이때가 아인슈타인이 그동안 열심히 믿었던 유대교와 작별을 고하고 자연과학을 탐구하는 세계로 첫걸음을 내딛은 순간이라고 설명한다.

과학 책을 좋아했지만 어린 아인슈타인은 학교생활과 맞지 않았다. 그는 당시 김나지움이 어린아이들을 꽉 짜놓은 틀 안에서 교육한다고 싫어했다. 그럼에도 그는 학교 커리큘럼에 따라 나름대로 성적을 꾸준히 올렸다. 라틴어 등에서 매우 나쁜 점수를 받았지만 전체적으로 볼 때 상당히 우수한 성적을 보였다.

학자들이 주목하는 것은 비록 당대의 교사들이 아인슈타인을 흡족해하지 않았지만 그의 수학적인 재능은 모두 인정했다는 사실이다. 학자들은 아인슈타인이 수학과 물리 등에 남다른 재능을 보인 것은 아버지의 전기 공장에서 경영을 돕고 있던 야곱 삼촌 덕분이라고 본다.

야곱은 슈투트가르트대학교 공과대학을 졸업한 전기기사였는데, 소년 아인슈타인에게 뛰어난 자연과학적 재능이 있음을 발견하고 기하학과 대수학을 가르쳤다. 그는 대수학을 푸는 과정을 이름을 모르는 동물 X를 잡는 것에 비유하는 식으로, 아이가 놀이를 하듯 흥미롭게 수학을 접할 수 있도록 했다. 또한 전기 공장 내부를 돌아다니며 안내했고 최첨단의 발전기나 트랜스를 보여주기도 했다.

아인슈타인은 학교보다 삼촌과 아버지에게서 영향을 많이 받았다. 이는 아인슈타인이 특수 상대성 이론을 다룬 논문 「전기 동력학적 가동 물체에 관하여」를 전기공학적인 관점에서 쓴 것에서도 알 수 있다. 그래서 일부 학자들은 아인슈타인의 아버지와 삼촌이 경영한 공장이 전기 계통이 아니고 유리 공장이나 섬유 공장이었다면 상대성 이론은 발견되지 않았을지도 모른다고 말한다.

학교를 싫어하지만 야곱 삼촌의 지도가 효력을 충분히 발휘한 덕분에 수학 선생은 아인슈타인의 수학 실력이 출중하다는 증명서를 써주었다. 아인슈타인은 스위스에 있는 취리히연방공과대학교의 입학시험에 응시했다. 독일식 이름의 약자인 ETH('에테하'라고도 함)로 더욱 유명한 취리히연방공대학교는 입학하는 데 반드시 고등학교 졸업장을 요구하지는 않았지만 어려운 시험을 통과해야 했다. 고등학교 졸업장이 없는 아인슈타인은 보통 학생들보다 한 살 반이나 어린 만 열여섯 살 6개월인 데다가 언어와 관련된 일부 시험 과목에서 점수가 나빠 떨어졌다.

아인슈타인이 수학 과목에서 천부적인 자질을 보였지만 어학과 역사 과목 성적이 낮아 불합격하자, 학장인 엘빈 헤어토크는 아인슈타인을 그대로 불합격시키는 것이 아깝다며 교수들을 설득해 조건부 입학을 허락했다. 아인슈타인이 고등학교를 졸업하지 않았으므로 1년 더 고등학교를 다녀 졸업 자격증만 갖고 오면 소위 특례 입학을 시켜주겠다고 한 것이다.

아인슈타인은 취리히연방공대의 입학 자격을 얻기 위해 스위스 아라우에 있는 주립학교에 다녔다. 이때 그에게는 하나의 의문이 생겼다.

'만일 사람이 빛의 속도로 달리면서 빛을 바라본다면 어떻게 보일까?'

이 의문은 '특수 상대성 이론에 관한 최초의 사고실험'이다. 물론 특수 상대성 이론이 완성된 것은 이 의문을 품은 지 10년 후의 일이다.

주립학교에서 대학 수험 자격을 얻은 그는 1886년 취리히연방공대에 입학했다. 그런데 아인슈타인은 대학에서도 흥미를 느끼는 몇 과목을 제외하고 강의 대부분이 고전적이라며 수업에 별로 출석하지 않았다. 엄밀한 의미에서 아인슈타인의 이런 행동은 매우 이해하기 어렵다. 아인슈타인이 깐깐하기 그지없는 대학교에서 수업을 거의 받지 않고도 버텼다는 뜻이기 때문이다.

여기에는 충분한 이유가 있다. 당시 취리히연방공대의 수업은 매우 자유로워 4년 동안 단 두 번의 시험에만 합격해도 졸업이 가능했기 때문이다. 한마디로 아인슈타인은 당대 교육 제도를 최대한 활용했다는 뜻이다. 이후 아인슈타인은 의무적이고 강압적인 연구의 효과에 대해 이렇게 비판했다.

> "현대 교육의 강압적인 방법이 탐구에 관한 신성한 호기심을 좌절시키지 않았다는 것은 기적이나 다름없다. 왜냐하면 과학자가 될 예민하고 작은 묘목들에게 가장 필요한 것은 자유이기 때문이다. 자유가 없다면 그들은 시들어 말라 죽을 것이다. 강압적이고 의무적인 교육으로 관찰하고 탐구하는 즐거움이 촉진될 수 있다고 생각하는 것은 매우 중대한 실수다."

물론 그의 생각이 어느 정도 옳기는 하지만 이는 갈릴레오나 아인슈타인처럼 뛰어난 사람들에게나 해당하는 말일 수도 있다. 사실 물리학은 고도의 수학을 사용하는 학문이므로 아인슈타인처럼 스스로 터득하는 사람은 거의 드물다. 대부분의 사람은 물리학을 제대로 배우기 위해 선생님에게 지도받는 것을 기본으로 한다. 그렇게 하지 않으면 공부하는 과정에서 길을 잃고 헤맬 가능성이 매우 높기 때문이다.

아인슈타인은 대학 강의에는 별로 출석하지 않았지만 자신이 관심을 가진 분야는 철저하게 공부했다. 당시 최첨단 분야는 제임스 클러크 맥스웰James Clerk Maxwell, 1838~1879의 전자기학이었는데, 아인슈타인은 이를 독학으로 섭렵했다. 또한 헤르만 민코프스키Hermann Minkowski, 1864~1909 교수의 수학 강의와 물리 실험실에는 항상 참석했다.

아인슈타인의 남다른 생각이나 행동을 당대 사람들은 제대로 이해하지 못했기에 아인슈타인의 평판은 상당히 나빴다. 예를 들어 전기공학 분야의 권위자였던 웨버 교수에게 '프로페서(교수님)'라고 불러야 하는데도 '헤르(씨)'라고 불러 노여움을 사기도 했다.

그럼에도 당대 최고 학문에 접근하기 위해서는 수학 실력이 필요했고, 아인슈타인에게는 우군이 있었다. 아인슈타인은 친구인 마르셀 그로스만Marcel Grossmann, 878~1936의 노트에 의존해 강의를 듣지 않아도 당대 최고 물리학을 접할 수 있었다. 그로스만은 나중에 수학자가 되어 일반 상대성 이론이 완성되는 과정에서 아인슈타인의 연구에 결정적인 영향을 끼친다.

아인슈타인의 행보에서 큰 영향을 미친 것은 당대 과학계를 통렬하게 비판하는 에른스트 마흐Ernst Mach, 1838~1916의 역학에 관한 책이었다. 아인슈타인은 대학 시절을 회고하면서 다음과 같이 감사를 표했다.

"내가 한창 배울 시기에 훌륭한 교수를 만난 것은 나에게 크나큰 행복이었으며 감사한 마음 금할 수 없다."

맥스웰의 전설

아인슈타인은 관습적인 학교생활에 반발하면서 남다르게 지냈지만, 당대 최고의 물리학 분야와 관련해서는 손을 놓지 않고 나름대로 연구에 몰두했다. 이때 아인슈타인의 연구를 결정적으로 이끈 선배가 있는데, 제임스 클러크 맥스웰이다. 물론 엄밀하게 말해 맥스웰은 아인슈타인이 태어난 1879년에 사망했으므로 아인슈타인과 직접적인 연계가 있는 것은 아니지만, 아인슈타인의 이론은 맥스웰의 연구와 떼려야 뗄 수 없는 관련이 있다.

학자들은 인간들이 과학과 본격적으로 접목되는 단계에서 오랫동안 별개의 현상이라고 생각했던 전기와 자기磁氣가 밀접하게 관련되어 있음을 발견한 것이 현대 문명의 큰 기둥이 되었다고 설명한다. 전기와 자기는 19세기 초 앙드레마리 앙페르André-Marie Ampère, 1775~1836와 마이클 패러데이Michael Faraday, 1791~1867 등의 연구로 알려지기 시작했는데, 이를 업그레이드시킨 장본인이 바로 맥스웰이다. 맥스웰의 이론은 아인슈타인의 이론에 큰 토대가 되었다.

제임스 클러크 맥스웰은 1831년 6월 스코틀랜드 에든버러에서 변호사 존 클러크 맥스웰의 외동아들로 태어났다. 그가 태어난 직후 아버지가 커크쿠드브라이트셔에 있는 글렌레이의 맥스웰 가문 영지를 상속받아 그곳에서 유복하게 자랐다. 독실한 기독교인인 어머니가 그의 나이 여덟 살에 사망했지만, 어머니의 영향으로 그는 평생 독실한 기독교인으로 살았다.

1841년 아버지가 그를 학교에 입학시켰는데, 학교

제임스 클러크 맥스웰의 이론은 아인슈타인의 이론에 큰 토대가 되었다.

에서 그의 재능은 그리 두드러질 정도는 아니었다. 다소 수줍음을 타고 친구도 별로 없었으며 그를 '얼간이'라고 불렀다. 그러다 열네 살에 갑자기 그가 명석함을 드러냈다. 그는 실 한 가닥으로 수학 곡선을 그리는 방법을 설명하는 복잡한 논문을 썼다. 그의 생각이 독창적인 것은 아니었지만 열네 살임을 감안하면 대단한 능력이었다.

열여섯 살 때인 1847년 맥스웰은 에든버러대학교에 입학했고 에든버러 왕립학회지에 두 편의 논문을 발표했다. 1850년에는 케임브리지대학교에 입학해 수학을 배웠는데, 동기생인 윌리엄 톰슨William Thomson, 1824~1907은 맥스웰을 다음과 같이 회고했다.

> "맥스웰은 만나는 모든 사람에게 강렬한 인상을 남겼다. 그것은 그의 말보다 성격 때문인 경우가 많았다. 그는 어떤 주제를 말하다 다른 주제로 빨리 화제를 바꾸었기 때문에 많은 사람들이 따라가기 힘들었다. 특히 그의 생기 넘치는 상상력은 너무나 많은 화제를 만들어 하나가 끝나기도 전에 또 다른 것을 좇았기 때문이다."

맥스웰은 1854년 우등으로 졸업하자마자 케임브리지대학교 트리니티 칼리지의 연구원이 되었고, 1856년 에버딘에 있는 매리셜 칼리지(지금의 애버딘대학교)의 자연철학 교수로 임명되었다. 그는 교수로 임명되자마자 1857년 케임브리지대학교가 영국에 있는 젊은 연구자에게 수여하는 애덤스상의 주제가 토성 고리의 운동이라는 것을 알고 응모했다. 그는 토성의 고리가 완전히 고체나 액체 상태가 아니라 수많은 작은 고체 입자들로 이루어져 있을 때만 안정적이라는 것을 보여주었고 애덤스상을 받았다. 심사위원 중 한 명은 그의 연구에 "수학을 훌륭하게 물리학에 적용시킨 연구다"라고 평했다.

맥스웰의 결론은 우주 탐사선 보이저 1호가 1981년 토성 고리를 근접 촬영함으로써 증명되었다. 1860년 맥스웰은 런던 킹스 칼리지로 옮겼고, 이곳에서 그의 일생에서 가장 값진 전자기에 대한 연구를 한다.

당대의 슈퍼스타인 패러데이는 철사가 자기장 안에서 움직이면 철사를 따라 전류가 흐른다는 것을 발견함으로써 자기가 전기를 만들어낼 수 있음을 증명했다. 이 효과를 '전자기 유도'라고 하는데, 발전기의 기본 원리이다. 패러데이는 자기와 전기 사이의 상관관계에 대한 연구를 완성하지 못했는데, 이에 도전한 사람이 맥스웰이다.

맥스웰은 전기와 자기는 동일한 현상, 즉 전자기가 두 가지로 표현된 것임을 알았다. 그는 간단한 전류에서 서로 교차하는 전파와 자기파를 만들어냄으로써 이를 증명했다. 맥스웰의 위대성은 전기와 자기의 특성을 서로 연관된 방정식 네 개로 정리했다는 데 있다. 1864년에 발표됐으며 그의 이름을 따 '맥스웰 방정식'이라 불리는 이 방정식은 가우스 법칙, 가우스 자기 법칙, 패러데이 전자기 유도 법칙, 앙페르-맥스웰 회로 법칙을 일반화한 식이다.

맥스웰 방정식이 뜻하는 것은 간단하게 말해 빛도 전자기장의 일부이며 폭이 넓은 스펙트럼 가운데 눈에 보이는 부분이라는 것이다. 맥스웰 방정식은 전파와 자기파가 빛의 속도에 아주 근접한 속도로 움직인다는 것을 보여주었다. 이를 통해 그는 놀라운 통찰력을 드러냈다. 빛 자체가 일종의 전기와 자기에 의한 파동, 즉 전자기파라는 것이다. 그가 빛과 전자기를 연결시킨 것이야말로 물리학 역사에서 이정표나 다름없다.

또한 그는 서로 다른 파장을 가진 다른 형태의 전자기파도 존재할 수 있다고 말했다. 당시 많은 학자는 맥스웰의 가설을 경원시했다. 맥스웰이 사망하고 8년이 지난 1887년 독일의 물리학자 하인리히 헤르츠Heinrich Rudolf Hertz, 1857~1894가 맥스웰의 이론을 실험으로 증명했다. 비로소 맥스웰의 가설이 당대 물리학계의 화두로 떠오른 것이다.

맥스웰은 실험을 통해 우리가 눈으로 감지할 수 있는 가시광선 외에도 수많은 전자기파가 우리가 살고 있는 공간 안에 있다는 것을 확인했다. 그의 이론에 따르면 빛의 속도는 초속 약 30만 킬로미터였다.

맥스웰은 전자기, 기체 분자 운동, 삼색설 이론, 천체물리학 등 다양한 분야에서 탁월한 업적을 쌓았다. 그중 가장 중요한 것은 전자기 분야로, 학자들은 그의 기여가 현대 문명의 기초를 놓았다는 데 주저하지 않는다. 1965년 노벨 물리학상 수상자인 물리학자 리처드 파인만은 다음과 같이 말했다.

"인류의 역사를 길게 보면, 즉 1만 년 후에 보면 19세기에 가장 중요한 사건은 맥스웰이 전기역학의 법칙들을 발견한 것이다."

파인만이 극찬했지만 맥스웰은 뉴턴이나 아인슈타인만큼 친숙하지는 않다. 맥스웰이 자신의 연구로 유명해지기도 전, 고작 47세의 나이로 세상을 떠났기 때문이다. 대중과는 다소 거리가 먼 맥스웰이지만 1860년 자신의 연구, 즉 과학의 필요성을 다음과 같이 역설했다.

"우리는 과학의 스승들이 발견해낸 것을 끝까지 파고들면서 그들을 고무시키고 그들에게 생기를 불어넣었던 지식에 도달하는 똑같은 기쁨과 알고자 하는 똑같은 욕구를 어느 정도는 경험해야 한다."

에테르의 존재

제임스 맥스웰과 함께 아인슈타인에게 큰 영향을 미친 것은 에른스트 마흐의 책이다. 당시에는 뉴턴의 '관성의 법칙'을 절대적인 법칙으로 여겼는데, 마흐는 그러한 뉴턴의 사고방식을 비판했다. 마흐는 과학 특히 물

© Charles Scolik

에른스트 마흐 역시 아인슈타인에게 큰 영향을 미친 인물이다.

리학에서 받아들일 수 있는 것과 그렇지 않은 것을 골라내는 작업에 평생을 바친 사람이다. 특히 그는 경험적으로 검증 불가능한 이론적 입소리를 과학에서 수용하면 안 된다고 주장해 보통 실증주의자라고 불린다. 또한 종종 외부 세계에 대한 감각 경험과 측정을 강조했다는 점에서 도구주의자, 경험론자라고도 불린다.

마흐는 비판의 칼날을 뉴턴에까지 겨누었다. 그는 뉴턴이 주장한 절대공간과 절대시간을 부정했다. 또한 물질의 관성 질량은 물체의 고유한 성질이 아니라 그 물체와 우주의 다른 모든 물체의 연관에서 비롯되는 양이라고 주장했다. 이러한 마흐의 대담한 주장은 아인슈타인에게 큰 영향을 미쳤다. 실제로 아인슈타인은 마흐에 대해서 다음과 같이 말했다.

> "마흐는 뉴턴의 사고방식이 물리학의 최종적인 기반이라는 신앙을 뒤흔들고, 학생이었던 나에게 큰 영향을 주었다."

물론 아인슈타인은 마흐의 주장을 수용하기는 했지만 마흐처럼 모든 이론을 의심하지는 않았다. 아인슈타타인은 모든 이론을 거부하는 마흐의 인식론을 '구태의연한 것'으로 간주했으며, 마흐도 아인슈타인의 상대성 이론을 끝내 받아들이지 않았다. 심지어 마흐 자신이 상대성 이론의 원조로 간주되는 것에 상당한 불쾌감을 표시했고, 상대성 이론에 대한 본격적인 비판을 쓰겠다고 호언했을 정도다. 마흐는 추후 독일 물리학계의 거장이 되는 막스 플랑크Max Planck, 1858~1947와도 논쟁을 벌여 '아직 참인지 아닌지 모르는 복잡한 과학 이론을 학생들에게 가르칠 필요는 없다'고 말해 플랑크를 발끈하게 만들기도 했다.

맥스웰이 빛을 전자기파의 일종으로 파(파동)처럼 전파된다고 주장하자 다른 학자들은 곧바로 의문점을 제기했다. 파동이란 충격이나 진동이 주위로 전달되어 가는 현상이다. 음파는 공기를 매개로 전달되고, 바다의 파도는 물을 매개로 전달해 나간다. 공기나 물처럼 파동에는 그것을 전달시키는 역할을 하는 물질이 필요하다. 빛이 파동이라면 빛의 파동을 전달하는 물질이 존재해야 하며, 이러한 가상의 물질을 당시 학자들은 '에테르ether'라고 불렀다.

아인슈타인도 적어도 1901년까지는 에테르의 존

재를 믿고 있었다. 그는 학생일 무렵, 에테르의 존재를 증명할 실험을 생각하고 있었다고 한다. 당시 과학계의 화두는 에테르의 존재였다. 에테르는 눈에 보이지도 않으면서 질량과 마찰도 없고 안정되어 있는데, 우주에 이것이 존재하느냐 아니냐가 화제였다. 지구는 말하자면 광대한 에테르의 바닷속에 잠긴 잠수함처럼 에테르를 가로질러서 태양 주위로 공전 운동을 하고 있어야 한다는 뜻이다.

그런데 에테르가 존재한다면 이상한 의문점이 생긴다. 맥스웰의 이론에 따르면 빛은 횡파로, 횡파는 매질(전달 물질)의 진동 방향이 파의 진행 방향과 수직인 가로파이다. 그런데 횡파는 고체와 같은 단단한 물질 안에서는 밖으로 전달되지 않는다. 더욱이 횡파의 전달 속도는 그 고체가 단단할수록 빨라지는 성질이 있다.

그렇다면 광속은 매우 빠르므로 에테르가 매우 단단한 것이어야 하는데, 어느 누구도 그것을 느낄 수 없다. 어딘가 이상하기는 하지만 그래도 빛이 파동으로 되어 있다는 관점을 받아들이기 위해 에테르는 존재해야 한다고 믿었다. 한마디로 에테르가 존재한다면 그것은 이제까지 알려진 적이 없는 새로운 종류의 물질이어야 했다.

지구는 태양 주위를 공전한다. 우주 공간에도 에테르가 충만해 있다면 지구는 에테르 속을 운동하고 있는 셈이다. 그렇다면 지구는 주위의 에테르를 질질 끌면서 진행하고 있는가, 아니면 에테르가 완전히 정지하고 있는 공간 속을 지구가 나아가고 있는가, 라는 에테르에 대한 논란의 끝이 없었다.

만일 에테르가 존재한다면 그 존재를 알아낼 실험 장치를 고안하는 것이 급선무였다. 다만 이러한 측정이 단순한 일이 아님을 누구나 직감할 것이다. 그러나 인간사를 보면 이렇게 어렵고 고난에 찬 업무를 자청하는 사람이 꼭 나타나기 마련이다.

아르망 이폴리트 루이 피조Armand Hippolyte Louis Fizeau, 1819~1896는 관에 물을 흐르게 하고, 이 물이 흐르는 방향과 같은 방향으로 진행하는 빛, 반대 방향으로 진행하는 빛의 속도를 조사했다. 만약 에테르가 존재한다면 물의 흐름에 속도를 더하거나 뺀 분량만큼의 속도가 관측되어야 한다. 그러나 실험 결과 두 방향의 빛의 속도는 물이 흐르는 속도만큼의 차이가 없었다. 이것은 에테르가 물의 흐름에 끌리지 않고 정지하고 있기 때문이라고 생각했다.

이후 앨버트 에이브러햄 마이컬슨Albert Abraham Michelson, 1852~1931과 에드워드 윌리엄스 몰리Edward Williams Morley, 1838~1923는 피조의 연구를 토대로 역사상 가장 정교한 실험을 통해 에테르의 존재 유무를 검증했다. 이론적인 예측으로 보면, 멈춰 있는 에테르 속을 움직이는 지구에서 빛의 속도를 측정할 경우 수치가 미약하나마 변해야 했다. 다시 말해서 태양 주위를 도는 지구는 멈춰 있는 에테르를 기준틀로 해서 볼 때 6개월마다 반대 방향으로 움직이므로, 지구의 운동 방향으로 발사한 광선과 그 반대 방향으로 발사한 광선이 특정 거리만큼 이동하는 데 걸리는 시간에 차이가 있어야 했다. 그러나 실험 결과 빛의 진행 방향과 무관하게 속도에는 차이가 나타나지 않았다.

에테르의 존재를 부정한 마이컬슨은 빛의 속도를 측정해 1907년 노벨상을 받았다. 그는 1873년에 애너폴리스 해군사관학교를 졸업하고, 1876년에는 해군사관학교 물리학과 화학 강사의 자리에 있었다.

에테르를 측정할 수 있다는 마이컬슨과 몰리의 아이디어는 간단했다. 지구가 운동하고 있으므로 지구의 움직임에 따라 지구 뒤로 흘러가는 에테르의 바람이 존재해야 한다는 것이다. 이 바람과 같은 방향으로 전파되는 빛의 속도는 그만큼 빨라야 하고, 바람을 거슬러서 전파되는 빛의 속도는 그만큼 느려져야 한다.

마이컬슨과 몰리는 지구 위에서 모든 방향으로 빛의 속도를 측정하면 에테르의 바람에 의한 속도 차이를 계산할 수 있다고 생각했다. 다만 빛의 속도가 너무 빠르기 때문에 이 속도 차이를 확인하려면 실험의 정밀도를 높이는 것이 관건이었다. 하지만 이미 빛의 속도를 정밀하게 측정한 그들로서는 어려운 일이 아니었다.

에테르가 존재하지 않는다는 이 결과는 당시의 과학자들을 놀라게 했다. 네덜란드의 물리학자 헨드릭 안톤 로렌츠Hendrik Antoon Lorentz, 1853~1928는 실험의 실패를 설명하기 위해 이론을 도출하기도 했다. 에테르가 있는 공간에서 물체가 움직여 나가면 진행 방향으로 그 물체가 물리적으로 수축한다는 가설이다.

로렌츠의 이론은 '움직이고 있으면 그만큼 전자기 법칙 자체가 변화하고, 그 효과에 따라 원자 사이의 전기적인 결합 방식의 힘이 변해 물체가 정말로 수축한다'는 것이다. 로렌츠가 도출한 이론을 '상대성 이론'으로 설명하는데, 이 이론에 사용하는 수식은 아인슈타인과 동일하다. 한마디로 아인슈타인보다 먼저 상대성 이론을 설명한 것이다. 로렌츠는 이 연구로 1902년 제2회 노벨 물리학상을 받았다.

참고문헌

야마다 히로타카, 이면우 옮김, 『천재 과학자들의 숨겨진 이야기』, 사람과책, 2002.

윤서원, 「[숨어 있는 세계사] "나는 똑똑한 것이 아니라 문제를 오래 연구할 뿐이다"」, 『조선일보』, 2021년 6월 30일.

이세용, 『내가 가장 닮고 싶은 과학자』, 유아이북스, 2017.

이종호, 『노벨상이 만든 세상(물리)』, 나무의꿈, 2007.

이종호, 『천재를 이긴 천재들』, 글항아리, 2007.

존 캐리 엮음, 김기협 옮김, 『지식의 원전』, 바다출판사, 2006.

홍익희, 「지진아 아인슈타인 깨운 3가지…나침반·바이올린·토론」, 『조선일보』, 2022년 8월 23일.

세계가 놀란 특허청 직원의 논문

고전 물리학을 뒤엎은 혁명

아인슈타인은 1900년 8월에 대학교를 졸업한다. 그 후 1년 동안 직장을 찾으면서 임시 교사와 가정교사 등을 하면서 생활하다가 친구인 그로스만의 아버지 추천으로 1902년 6월 특허국에 취직했다. 1903년 1월에 밀레바와 결혼식을 올렸으며, 1904년 5월 첫아들 한스가 태어났다. 평범한 독일인 가정이었다. 아인슈타인은 특허국에서 근무하면서 매년 논문을 발표했다. 그가 스물여섯 살이었던 1905년 한 해 동안에는 무려 다섯 편의 논문을 세상에 발표했다.

① 「발견적 견지에서 본 빛의 발생과 변환」(3월)

② 「정지한 유체 속에 떠 있는 입자의 운동과 열의 분자 운동의 관계」(5월)

③ 「운동하는 물체의 전기역학」(6월)

④ 「분자의 크기를 정하는 새로운 방법」(7월)

⑤ 「물체의 질량은 그것이 포함하는 에너지에 의하여 알 수 있는가?」(8월)

①번 논문이 추후 노벨상을 받는 광전 효과를 다룬 것이며, ②번 논문은 액체에 떠 있는 작은 입자들의 운동에 관한 이론적 설명을 제공하는 브라운 운동을 다룬 것이다. 아인슈타인은 액체 속 분자들이 열에너지 덕에 움직이고 있으며, 입자들끼리 충돌하기 때문에 입자들이 움직인다는 것을 수학적으로 증명했다. 이 논문은 원자의 존재를 입증하는 데 중요한 역할을 했다. ③번 논문은 특수 상대성 이론을 설명했으며, ⑤번 논문에서는 '질량과 에너지의 등가설($E=mc^2$)'을 다뤘다. 나중에 일본에 투하된 원자폭탄이 바로 이에 근거한다. ④번 논문은 박사학위 논문으로, 그는 이학박사 학위를 받았다.

발상의 전환

아인슈타인의 논문에는 나름대로 특징이 있다. 그는 자신의 논문에서 다른 사람의 논문을 거의 인용하지 않았다. 대체로 다른 이들은 논문에서 선행 연구를 인용하고 그 논문의 문제점을 지적하면서 자신의 새로움을 주장한다. 이에 반해 아인슈타인은 무엇보다 먼저 현상의 과제만 제시했다. 이어 독창적인 사고와 전개가 서술되고 실험의 예상, 검토 과제를 제시하면서 끝을 맺었다. 선행 연구 논문의 인용이나 비판을 간략하게 서술하고 본질만 간결하게 표현했으므로 아인슈타인의 논문은 어느 논문보다 짧았다. 그럼에도 그 논문들은 모두 유명해졌다. 여기에서 '진리는 단순하다'는 그의 신념이 관통하고 있음을 알 수 있다. 그는 새로운 이론을 도출하는 데 여분의 정보는 필요 없다는 생각을 평생 일관되게 견지했다. 잘 알려진 대로 생물학자 제임스 왓슨과 프랜시스 크릭이 DNA 이중 나선 구조를 발표해 노벨상을 받았던 논문도 『네이처』지에 단 1쪽 반 분량으로 실렸다.

아인슈타인의 다섯 개 논문은 하나하나 모두 중요

한 내용을 담고 있다. 먼저 광전 효과 이론을 보면, 아인슈타인의 상대성 이론에 결코 뒤지지 않는 대표적인 이론이다. 광전 효과란 간단하게 말해 진공 상태에서 아연과 같은 어떤 금속에 특정 종류의 빛을 쬐어주면 금속 표면에서 음전하*를 띤 입자인 전자가 튀어나오면서 전류가 발생하는 것을 의미한다.

이 이론이 중요한 것은 TV, 컴퓨터, 자동문, 디지털 카메라, 태양전지 등 현대 문명의 이기들 거의 모두가 광전 효과에 그 기반을 두고 있기 때문이다. 과학에 관심 있는 현대인들은 빛이 이중성을 가진다는 사실을 잘 안다. 즉, 빛은 입자이자 파동의 역할을 동시에 한다는 것이다.

아인슈타인 이전에는 과학자들 사이에 입자설과 파동설이 자주 충돌했다. 이는 각각의 설명이 납득할 만한 부분도 있지만 모순되는 부분도 공존했기 때문이다. 이때 혜성같이 등장한 아인슈타인은 빛이 두 가지 성질을 모두 가진다고 명쾌하게 설명했다.

---

* 전하는 물체가 가진 전기의 양. 양전하와 음전하가 있으며, 같은 부호의 전하 사이에는 미는 힘이, 다른 부호의 전하 사이에는 끄는 힘이 작용한다. 전하가 이동하는 현상이 전류이다.

우선 파장의 문제를 보자. 빛의 파장이 짧으면 에너지가 강하고, 파장이 길면 에너지가 약하다는 것은 이미 설명했다. 예를 들어 빛을 파동의 성질만 가진 연속적인 흐름이라고 하자. 어떤 파장의 빛이라도 장시간 비추거나 밝게 비춘다면 전자는 에너지를 모았다가 충분한 에너지가 쌓이면 튀어나갈 수 있어야 한다. 그런데 실험 결과 전자를 떼어내는 빛의 파장은 항상 특정한 파장보다 작아야 하며, 그렇지 못할 경우 아무리 밝기를 높여주어도, 즉 같은 파장의 빛을 아무리 많이 비추어도 전자가 튀어나오지 않았다.

두 번째는 조도 문제다. 빛은 파장이기 때문에 연속적인 에너지의 흐름이라면 전자가 에너지를 모아서 튀어나올 때 전극 표면에 비추는 빛의 세기가 강할수록, 즉 많은 빛을 비출수록 튀어나오는 전자의 에너지가 커야 한다. 그런데 튀어나오는 전자의 에너지는 사용한 빛의 양이 아니라 빛의 파장에만 영향을 받았다. 많은 빛을 비추면 튀어나오는 전자의 수가 많아질 뿐 전자 한 개의 에너지는 이상하게도 항상 일정했다.

마지막으로 반응 시간 문제다. 빛이 연속적인 흐름이라면 빛의 세기가 약할 경우 전자가 필요한 에너지를 흡수하는 데 시간이 오래 걸리는 것이 당연하다. 즉, 빛을 비추기 시작해서 전자가 튀어나올 때까지 반응 시간이 길어져야 한다. 그러나 특정 파장보다 짧은 빛을 비추면 아무리 빛을 약하게 해도 전자는 빛을 비추자마자 튀어나왔다. 빛이 약해지면 튀어나오는 전자의 개수가 감소할 뿐 반응 시간이 지연되지 않았다.

이 세 가지 의문점은 빛이 파동이라고 단정 지으면 풀 수 없는 문제였다. 1905년 아인슈타인이 빛이 입자이자 파장이라고 주장하면서 그동안 모순되었던 현상들이 말끔하게 해소된 것이다.

아인슈타인에 따르면 전자는 빛을 이루고 있는 에너지 덩어리, 즉 광자(또는 광양자로 질량 없이 에너지를 가짐)와 충돌해 광자 한 개에 해당하는 에너지를 흡수한다. 전자와 광자가 부딪치자마자 전자가 광자의 에너지를 흡수하기 때문에 반응 시간은 0이다. 이때 조도를 높이는 것은 광자의 양이 많아지는 것일 뿐이므로, 전자 한 개의 에너지가 증가하는 것이 아니라 튀어나오는 전자의 수가 증가한다. 빛을 받을 때 떨어져 나온 전자가 갖는 에너지는 전자가 광자로부터 받은 에너지에서 전자를 떼어내는 데 들었던 에너지를 뺀 값으로 일정하다.

빛이 입자의 성질을 가지면서 파장의 성질도 가진다는 이중성 문제도 아인슈타인은 간단하게 해결했다. 전자는 광자 한 개에 해당하는 에너지만 흡수하므로 전자가 튀어나오려면 광자의 에너지가 전자와 금속이 결합하는 에너지보다 크기만 하면 된다. 그러므로 사용하는 빛의 파장이 특정한 값보다 짧을 때, 즉 광자의 에너지가 특정 값 이상일 때만 광전 효과를 관찰할 수 있으며, 그렇지 않은 경우는 파장과 같은 성질을 보인다는 것이다.

금속을 구성하는 원자들은 다른 원자들과 마찬가지로 핵과 전자로 이뤄져 있다. 대부분의 전자는 핵 주변에서 정해진 궤도를 따라 움직이지만, 전자들 중 일부는 어느 특정한 핵에 속하지 않고 자유롭게 돌아다닌다. 이러한 전자들을 자유전자라고 부른다.

자유전자들은 금속 내부에서 쉽게 움직이기 때문에 열에너지의 전달과 전류의 흐름 등에 중요한 역할을 한다. 금속들이 전기와 열을 잘 통하는 것도 자유전자 때문이다. 자유전자들에게 충분한 에너지를 주면 금속 밖으로 튀어나올 수도 있다. 전자들에게 에너지를 주는 방법 중 한 가지는 가열하는 것이고, 또 한 가지는 빛을 쬐이는 것이다.

전자가 금속에서 튀어나가려면 금속과 전자 사이의 결합을 끊기 위해 최소한의 에너지가 필요하다. 이 에너지를 일함수(ϕ)라고 부른다. 금속에 빛을 쬐이면 전자는 그 빛을 흡수해 에너지가 증가하는데, 이 에너지가 일함수 이하면 전자는 에너지를 흡수했다가 방출해버린다. 그러나 에너지가 일함수를 넘을 만큼 충분히 크면 전자는 금속에서 튀어나간다. 즉, 전자에 충돌한 광자는 에너지 전부를 전자에 주고 소멸한다. 그리고 전자는 자신이 가진 에너지에 추가로 광자가 가진 에너지를 합한 양에서 튀어나올 때 필요한 일함수를 빼고 금속에서 튀어나온다는 것이다.

이것은 마당에 있는 친구가 2층에 있는 다른 친구에게 공을 던져 올리는 상황과 같다. 공을 2층에 있는 친구에게 던져 주려면, 마당에 있는 친구가 공을 던질 때 공이 2층보다 더 높이 올라갈 만큼 충분히 세게 던져야 한다. 마당에 있는 친구가 약하게 올려서 에너지가 충분하지 않으면 아무리 여러 번 올려도 그 공은 2층에 올라갈 수 없다. 이처럼 당연한 생각을 빛에 적용한 것이 광전 효과다.

이런 바탕에서 아인슈타인은 그때까지 수수께끼였던 광전 효과를 지배하는 정량적 수식을 간단하게 유도하고, 그 수식에 플랑크가 제시한 플랑크 상수가 필연적으로 들어간다는 점을 지적했다. 이것이 바로 한 개의 광자가 갖는 에너지(E)는 플랑크 상수(h)와 빛의 진동수(ν)의 곱, 즉 E=hν라는 간단한 공식이다.

이제는 빛이 입자이면서 동시에 파동이라는 이중성을 가진다는 사실을 잘 알지만, 20세기 초 학자들은 이를 수긍하기가 쉽지 않았다. 그럼에도 아인슈타인이 지적한 광자설의 중요성을 깨달은 물리학자들이 그의 이론을 증명하기 시작했다.

아인슈타인의 예언

1906년 로버트 앤드루스 밀리컨Robert Andrews Millikan, 1868~1953은 정확한 실험을 통해 아인슈타인의 예언대로 빛이 정말로 광자로 이루어졌음을 확인했다. 극히 작은 수준에서 빛은 입자이면서 동시에 파동이기도 하며, 이것은 모든 전자기 복사*의 형태에 적용된다는 사실을 처음으로 밝힌 것이다. 그는 이 연구로 1923년에 노벨 물리학상을 수상했다. 그는 특히 하전량(e)의 정밀한 값을 측정했는데, 오늘날 알려져 있는 e에 불과 1퍼센트밖에 틀리지 않는다. e는 광속(c)이나 플랑크 상수(h)와 견줄 만한 중요한 물리 상수다.

아인슈타인의 이론을 검증한 사람은 밀리컨뿐만이 아니다. 미국의 아서 홀리 콤프턴Arthur Holly Compton은 1922년에 '콤프턴 효과'를 통해 빛이 입자(물질)의 성질을 분명히 가진다는 점을 실험적으로 확증했다. 사실 광자가 입자성을 가지려면 에너지를 갖는다고 정의되었으므로 운동량도 있어야 한다. 그런데 질량이 없으므로 일반적인 운동량인 질량에 속도를 곱할 수 없다. 아인슈타인은 에너지를 광자(빛)의 속력으로 나눈 것 또는 플랑크 상수를 광자의 파장으로 나눈 것을 광자의 운동량으로 정의했다. 바로 그것에 콤프턴이 도전한 것이다.

콤프턴은 X선을 니켈에 쬐였을 때 반사되어 나오는 X선의 파장이 반사각에 따라 다르다는 것을 발견했

---

* 복사는 물체에서 열이나 전자기파가 사방으로 방출되는 것, 또는 물체에서 방출되는 열이나 전자기파를 말한다.

다. 당시에는 이 실험의 결과를 설명하기가 매우 어려웠는데, 콤프턴은 빛을 입자라고 가정하고 빛 입자가 금속 속에서 전자와 완전 탄성 충돌하는 것이라고 가정했다.

이는 당구를 쳐본 사람이라면 누구나 목격하는 현상이다. 당구공이 다른 공과 부딪친 후에는 속도가 줄어드는데, 속도의 감소율은 튕겨나가는 공의 각도에 따라 다르다. 당구공이 정면으로 충돌하면 때린 공의 에너지가 모두 앞의 공에 전달되어 자신은 그 자리에 서고, 앞의 공은 때린 공의 속도로 움직인다. 그러나 공이 비켜 맞으면 공의 에너지 일부가 앞의 공에 전달되어 공의 속도는 줄어들면서 다른 방향으로 진행한다.

이런 원리로 콤프턴은 반사되는 각도에 따라 X선의 파장이 다른 것은 X선과 니켈 속에 있는 전자의 충돌이 당구공의 충돌처럼 입자 사이의 완전 탄성 충돌이기 때문이라고 설명했다. 또한 운동량 보존의 법칙과 에너지 보존의 법칙을 이용해서 반사하는 각도에 따라 다른 파장의 빛이 측정되는 것을 명쾌하게 설명했다. 독일의 발터 보테Walther Bothe, 1891~1957와 요한네스 한스 빌헬름 가이거Johannes Hans Wilhelm Geiger, 1882~1945

는 콤프턴의 산란이 X선이 일단 흡수됐다가 다시 방출되는 2단계 과정이 아니라, X선의 산란과 그에 따른 되튐 전자의 방출이 동시에 일어남을 실험으로 보여줘 콤프턴의 이론을 확증했다.

콤프턴의 실험은 하나의 광자가 하나의 전자와 충돌한 결과를 측정한 것으로 원자 물리학에서 매우 중요한 위치를 차지한다. 그의 연구 결과는 에너지를 담고 있는 가장 일반적인 그릇, 즉 광자와 전자, 중성자, 양성자의 성질을 이해하는 데 중요한 초석이 되었기 때문이다. 특히 초기의 실험은 전자에 의해 산란된 하나의 광자를 대상으로 했지만, 나중에는 전자 대 전자의 산란 실험을 통해 전자 현미경의 기초가 되었다. 그는 찰스 톰슨 리스 윌슨Charles Thomson Rees Wilson과 함께 1927년 노벨 물리학상을 수상했다.

한편 인도의 찬드라세카라 벵카타 라만Chandrasekhara Venkata Raman은 X선뿐만 아니라 가시광선을 사용하더라도 빛의 입자성을 관찰할 수 있을 것이라 예상하고 여러 가지 물질에 진동수(ν) 0인 단색광을 쬐어보았다. 그러자 라만이 예상했던 대로 산란광 속에는 진동수가 입사광선*의 그것과는 다른 성분이 섞여 있었다. 이것은 가시광선이 입자로서 행동하며 물질의 전자와 에너지를 주고받았기 때문으로, 콤프턴 효과와 함께 아인슈타인의 이론을 증명하는 중요한 증거다. 1930년에 라만도 '라만 효과의 발견'으로 노벨 물리학상을 받았다.

광전 효과는 물리학계를 깜짝 놀라게 하는 프랑스의 루이 빅토르 피에르 레몽 드브로이Louis Victor Pierre Raymond de Broglie의 이론을 끌어낸다. 그는 형인 모리스 드브로이가 죽은 후 브로이 가문의 공작이 된 귀족인데, 제1차 세계대전 당시 무선통신대에 배속된 것을 계기로 전자기파에 관심을 두었다. 그는 아인슈타인의 특수 상대성 이론을 기초로 하는 획기적인 박사학위 논문을 제출한다.

그 논문에서 드브로이는 닐스 헨리크 다비드 보어Niels Henrik David Bohr, 1885~1962의 전자 궤도 이론에 따라 궤도 위를 도는 전자는 모두 파동의 성질을 갖는다는 물질파설을 전개했다. 이미 학계에서 인정된 빛에 대한 이중성을 그대로 받아들여서 물질 입자, 특히 전자에도 반드시 파동이 부수되어 있다고 생각한 것이다. 그에

---

* 입사광선은 하나의 매질을 통과해 다른 매질의 경계면에 들어가는 광선을 말한다.

따르면 파동이 입자일 뿐만 아니라 입자 역시 파동이라는 것이다. 그는 전자와 그것에 관련되는 파동도 간단한 수량적 관계로 나타낼 수 있다는 뉴턴식의 관계식도 유도했다.

금속이나 그 외 물질의 결정 안에는 원자가 규칙적이고 입체적으로 배열되어 있다. 특히 원자와 원자의 간격은 대체로 1억 분의 1센티미터다. 원자의 결정체에 파장이 1억 분의 1센티미터 정도인 X선에 비춘다면 결정 안의 각 원자는 작은 반사체가 되어 X선을 반사한다. 그렇다면 가까이 있는 반사 X선끼리 서로 충돌해 간섭* 현상을 일으킨다. 물결파나 음파가 생길 때와 같이 어떤 방향에서는 진폭이 서로 증폭되어 밝아지고 다른 방향에서는 진폭이 감소되어 어두워진다는 것이다.

드브로이의 이론은 현대 물리학에서 아인슈타인의 이론만큼 매우 중요한 의미가 있다. 그의 이론은 빛이 입자냐 파동이냐는 당시까지 논쟁의 차원을 넘어서 모든 물질의 미소 단위 행동은 이중성을 갖는다는 혁명적

---

* 간섭은 두 개 이상의 파가 한 점에서 만날 때 합쳐진 파의 진폭이 변하는 현상이다. 음파(音波)에서는 굉음(轟音)이, 빛에서는 간섭무늬가 나타난다.

인 것이었다. 드브로이 전까지 모든 학자는 물질을 하나의 큰 덩어리로만 생각했으며, 원자 단계를 볼 때 그것이 파장을 갖는다는 것을 상상하지 못했다.

드브로이는 거시 세계에서 물질파가 존재하지 않는 이유도 설명했다. 운동량이 크면 클수록 그것에 상관하는 파장이 짧아진다는 것이다. 입자의 질량이나 운동량이 많아지면 파장이 짧아져 드러나지 않는다는 것이다. 그의 이론에 따라 전자 현미경이 개발되었으며, 그 후 물질의 결정 구조를 조사하는 데 큰 공헌을 했다.

드브로이의 논문이 워낙 독창적이므로 그의 가설이 과연 물리적으로 타당한가에 많은 학자가 의문을 보였다. 심지어 그의 이론을 코미디라고 비하하는 학자도 있었다. 드브로이의 이론을 1920년대 학자들이 선뜻 이해할 수 없었던 것은 어쩌면 당연하다. 지금까지 소리, 물, 빛에만 파波가 있는 줄 알았는데 모든 물질 속에 파가 존재한다는 것을 뜻하기 때문이다.

전자의 파동성은 전자 현미경의 개발을 촉진했다. 전자 현미경은 가시광선을 사용하는 현미경보다 더 강력해서 광학 현미경으로 볼 수 없는 바이러스와 세포 내부 같은 상을 얻는 데 특히 유용하다. 전자 현미경은 광선 대신 전자빔을 사용하기 때문에 작은 물체를 보도록 해주는데, 이는 전자가 파동의 역할을 하지 않는다면 성립할 수 없는 것이다.

물질파 이론을 제시한 드브로이와 빅뱅 이론을 도출한 조지 가모George Gamow, 1904~1968 사이에 있었던 재미있는 에피소드를 소개한다. 1920년대 말에 가모가 드브로이에게 양자론에 대해 상의하고 싶다고 편지를 보내자, 그는 자신의 집에서 만나자고 회신을 보냈다. 가모가 프랑스 뇌이쉬르센의 고급 주택가에 위치한 저택을 방문해 문을 두드리자 하인이 문을 열어주었다.

"드브로이 교수님을 뵙고 싶은데요."

"드브로이 공작이라고 말씀하십시오."

"알겠습니다. 드브로이 공작님을 뵙고 싶습니다."

양자론에 대해 상의하려고 들른 가모가 공작이라고 해서 주눅이 들 리 만무했다. 그런데 드브로이 공작은 물리학 얘기를 하면서 영어를 단 한 마디도 하지 않았고, 가모의 불어 실력은 형편없었다. 그는 엉터리 프랑스어로 말하면서 종이 위에 공식을 쓰는 등 대충 의

사를 전달할 수 있었다. 그 후 드브로이가 영국에 들러 왕립협회에서 강연을 할 때였다. 가모는 그가 영어를 매우 잘하는 것을 발견했다. 그 경험으로 가모는 프랑스를 방문하는 외국인은 프랑스어를 사용해야 한다고 생각했다.

이 이야기를 들은 영국의 물리학자 랠프 하워드 파울러Ralph Howard Fowler, 1889~1944는 프랑스의 소르본대학교에서 강연할 때 프랑스어로 강의를 준비했다. 그가 영어로만 된 강의 내역을 드브로이에게 보내자 프랑스어로 번역을 해주었다. 파울러는 뿌듯한 생각으로 드브로이가 번역해준 프랑스어로 강연을 했다. 그런데 강연이 끝난 후 학생들이 찾아와 말했다.

"파울러 교수님, 저희들은 매우 당황했습니다."

"강의 내용이 어려웠나요?"

"아닙니다. 저희는 교수님이 영어로 강연하실 줄 알았고, 저희도 영어 강의를 충분히 이해할 수 있습니다. 그런데 교수님은 영어로 강의하시지 않았을 뿐더러 이상한 나라 말로 강연하시더군요. 어느 나라 말로 강의하셨는지요?"

그 후 드브로이는 학생들에게 파울러 교수가 프랑스어로 강연했다는 사실을 몇 번이나 말했다고 가모에게 이야기했다. 드브로이는 자신이 굳이 프랑스에서 외국인이 프랑스어로 말하는 것을 강요한 적도 없으며, 그렇다고 프랑스어로 강의하는 것을 반대한 적도 없다고 말했다. 그 후 가모는 프랑스에서 영어로 강의했다.

이 일을 두고 가모는 물질이 입자인 동시에 파장인 것과 마찬가지로 각자의 주관과 능력대로 살면 된다는 것을 보여주는 예라고 말했다. 프랑스를 방문해서 프랑스어를 하지 못한다고 주눅이 들 필요가 없다는 것이다.

여기에서 드브로이 공작과 관련한 일화를 특별히 거론하는 것은 유럽에서 공작 급의 상류층이 과학을 전공하는 일이 매우 희귀하기 때문이다. 대체로 영국이나 유럽의 왕족들을 포함해 귀족 계급에서도 상위인 공작, 후작, 백작 등은 특별한 직업을 갖지 않는다. 특별한 예로 변호사나 정치가 등으로 나서는 귀족은 많지만, 과학이나 연예계에는 거의 진출하지 않는다. 유럽 연예계에서는 희극배우 루이 드 퓌네스 등이 귀족 칭호를 갖고 있지만, 수많은 귀족에 비해 그 숫자가 미미한 편이다.

그런데 공작인 드브로이는 과학을 전공했고 노벨

물리학상도 수상했다. 물론 독일의 요제프 폰 프라운호퍼, 헤르만 폰 헬름홀츠, 피에르시몽 드 라플라스 등 잘 알려진 사람들도 귀족이면서 과학자의 길을 걸었다. 당대 최고 금수저인 이들이 과학에 몸담은 데에는 당시 첨단 과학 지식이 유행한 것도 한몫했다. 이들은 남다른 재주를 발휘해 과학사를 이끌 비상한 결론을 도출했다. 한마디로 사비를 연구비로 아낌없이 투입해 당대에 최첨단 연구 결과를 얻었으며 지금까지도 인정받는 과학자가 된 특이한 예라 볼 수 있다.

물론 뉴턴, 톰슨 등은 귀족 칭호를 받았다. 영국에서는 노벨상을 받으면 귀족 칭호를 받는 것이 관례지만, 이들의 귀족 칭호는 드브로이 공작처럼 대대로 세습되거나 상속되는 것이 아니라 당대로 끝난다. 참고로 '드'라는 귀족 칭호를 가진 프랑스 여성은 결혼반지를 왼손이 아니라 오른손에 낀다. 프랑스인들도 오른손에 반지를 낀 사람을 보면 상당한 예의를 갖춰 상대한다고 한다.

특이하게도 X선을 발견한 빌헬름 콘라트 뢴트겐 Wilhelm Conrad Röntgen, 1845~1923은 개인적인 사유로 귀족 칭호를 사양했다. 이는 귀족 칭호가 그렇게 중요하지는 않음을 알려주지만, 유럽에서 공작이 과학을 전공하는 것이 특이한 일임은 현재도 마찬가지다. 한마디로 과학 분야에서 공작·후작·백작들을 찾아보기 힘들다는 뜻이다.

드브로이의 물질파 이론을 실험적으로 증명한 사람은 클린턴 조지프 데이비슨Clinton Joseph Davisson, 1881~1958과 레스터 핼버트 거머Lester Hallbert Germer, 1896~1971다. 그들은 니켈 결정의 표면에 전자를 입사 시켜 반사되어 나오는 전자의 세기가 각도에 따라 어떻게 다른지를 조사했다. 그 결과 54볼트의 전압으로 가속된 전자는 반사각이 50도에 집중되어 있다는 것을 발견했다.

데이비슨과 거머는 이런 결과에 대해 니켈을 열처리하는 동안 니켈 결정을 이루는 원자들이 모두 같은 방향으로 배열되었고, 규칙적으로 배열된 원자에 의해 산란된 전자가 간섭을 일으키기 때문이라고 생각했다. 이 현상은 전자도 X선과 똑같이 간섭 현상을 일으키는 것을 의미했다. 데이비슨은 1937년 이 연구로 노벨 물리학상을 받았다.

파동 방정식과 불확정성 원리

아인슈타인을 이야기하려면 반드시 에르빈 슈뢰딩거Erwin Schrödinger와 베르너 카를 하이젠베르크Werner Karl Heisenberg가 등장한다. 슈뢰딩거는 드브로이의 파동을 표현하는 수학적 개념을 재해석해 파동 방정식을 제시했으며, 하이젠베르크는 원자 내 전자의 상황을 잘 알려진 불확정성 원리로 설명했다.

양자라는 말만 들어도 머리가 어지럽다는 사람이 있을 정도지만 여하튼 양자역학은 원자와 그 구성 요소들의 움직임을 연구하는 분야다. 양자quantum라는 단어는 라틴어의 '아주 많은' 또는 '뭉치'라는 뜻이고, 역학mechanics은 오래전부터 '운동에 관한 연구'라는 뜻으로 사용해왔다. 따라서 양자역학은 '작은 뭉치 단위로 움직이는 것들의 운동에 대한 연구'라는 의미가 된다.

전자 같은 입자는 '양자'의 형태로만 나타난다. 보통 연속된 흐름으로 생각하는 빛도 이 원칙에 따라 한 단위를 이루는 뭉치로 되어 있으므로, 이 뭉치를 광자photon라고 부른다. 영화 〈스타트렉〉의 광자어뢰를 보면 이해하기 쉽다.

그런데 양자역학의 세계에서는 모든 것이 양자화해 항상 일정한 단계에 따라 늘거나 줄어든다고 설명한다. 말이 안 된다고 생각할 수 있는데, 이는 우리가 양자를 당구공으로 생각하기 때문이다. 아주 작은 세계에서도 입자들이 당구대 위에서 구르고 부딪치는 당구공들처럼 움직일 것으로 생각한다. 사실은 그렇지 않다. 우리의 상상이 빗나갔다고 해서 자연이 이상한 것은 아니다. 자연은 원래 그렇게 생긴 것이고, 당구공 수준에서는 '정상'인 것이 원자 수준의 세계에서는 '비정상'이 된다는 뜻이다.

불확정성 원리는 다소 해괴할 수 있는데, 이를 이해하려면 어떤 물체를 '본다'는 것이 무슨 뜻인가를 먼저 떠 올려보아야 한다. 예를 들어 독자가 현재 보고 있는 책의 글자를 보려면 광원(태양이나 전등)에서 나온 빛이 책에서 반사되어 우리 눈에 도달해야 한다. 그러면 망막이 복잡한 화학적 과정을 거쳐 이 빛에너지를 신경신호로 바꿔서 뇌로 전달하기 때문에 우리는 책의 글자가 무엇인지를 이해한다.

이 말은 독자들이 책을 읽고 있는 순간에 수많은 광자가 책을 때리고 튀어나온다는 뜻이다. 당연히 광자에

맞은 책이 움직거리며 물러나는데, 이런 현상을 우리는 보지 못한다. 뉴턴식의 측정 방법으로는 그렇다. 고전 물리학에서는 어떤 측정 행위(여기서는 빛이 책을 때리고 튀어나오는 것)가 어떤 식으로든 측정 대상에 영향을 미치지 않는다고 가정한다. 광자의 무한히 작은 에너지가 책을 움직이는 데 필요한 에너지에 미치지 못하기 때문으로, 이는 합리적인 가정이라 할 수 있다. 사실 야구 경기 도중 사람들이 플래시를 터뜨려 사진을 찍는다고 해서 공이 공중에서 춤을 추거나 방에 불을 켠다고 해서 가구들이 움직이지는 않는다.

이런 상식적인 일이 양자 세계에서는 통하지 않는다는 것이 불확정성 원리의 기본이다. 즉, 양자의 세계에서도 책을 보는 것과 똑같은 방법으로 전자를 '볼' 수 있는가이다. 이 문제에 관한 한 어떤 대상을 '본다'는 것과 전자를 '본다'는 것이 다름을 이해하는 것이 중요하다. 우리는 반사되어 튀어나오는 빛으로 책을 보지만, 이 빛이 책에 미치는 영향은 무시할 수 있을 정도로 작다. 그런데 어떤 전자(아니면 다른 입자)를 전자에 충돌시켜 그 전자를 보려고 하면, 관찰 대상인 입자와 관찰 수단인 입자가 비슷하기 때문에 둘 사이의 상호작용으로 관찰 대상이 되는 입자가 변할 수밖에 없다.

양자 수준에서의 측정을 이해하는 데 도움이 되는 비유가 있다. 길고 어두운 터널이 있다고 가정하자. 그리고 그 안에 자동차가 한 대 있는지 알아내야 한다고 하자. 우리가 터널 안으로 직접 들어가 볼 수도 없고 빛을 비춰볼 수도 없다면 한 가지 방법을 사용하면 된다. 차 한 대를 들여보내서 부딪치는 소리가 나는지 기다려 보는 것이다. 소리가 들리면 터널 안에는 차가 있다고 볼 수 있다. 그런데 이런 '충돌 실험'을 하면 터널 안에 있던 차의 모습은 결코 처음과 같지 않다. 측정 행위, 즉 자동차들을 충돌시킨 것이 관찰 대상이 되는 자동차의 모습을 바꿔놓음으로써, 두 번째 측정을 위해 또 다른 자동차 한 대를 들여보낸다면 우리가 측정하는 대상은 최초의 측정으로 변해버린 자동차라는 설명이다.

그러므로 불확정성 원리란 어떤 소립자에 대해 아주 정밀하게 모든 것을 안다는 것은 측정 행위로 일어나는 변화 때문에 불가능하다는 선언이다. 소립자의 위치와 속도 두 가지를 동시에 알 수 없다는 것이다. 이때의 위치와 속도는 물체를 설명하는 데 없어서는 안 될 요소들이다.

그런데 자연이 이렇다면 이들을 어떻게 설명해야 하는가 하는 문제에 봉착한다. 선생이 문제만 던져주고 정답을 알려주지 않는다고 하자. 그 선생이 정답을 안다면 문제가 되지 않겠지만, 정답을 알지 못하고 문제를 냈다면 이 시험 문제는 당연히 잘못된 것이다. 이 문제를 명쾌하게 풀어준 것이 바로 하이젠베르크와 슈뢰딩거의 '파동 방정식'이다.

비행기가 전자처럼 행동한다고 가정하자. 이 비행기가 지금 태평양 위의 어딘가를 날고 있는데 몇 시간 뒤에 어디쯤 지날 것인지 예측하려고 한다. 불확정성 원리에 따르면, 비행기 속도와 위치를 동시에 정확히 알 수 없다. 이때 사용할 수 있는 방법은 약간의 타협이 필요한데, 기본 가정에서 비행기의 위치는 100킬로미터, 속도는 시속 200킬로미터 정도 오차를 인정하자는 것이다.

비행기가 시속 1000킬로미터 속도로 날고 있다면, 두 시간 뒤에 비행기는 질문한 곳에서 2000킬로미터 정도 떨어진 곳에 가 있을 것이다. 문제는 비행기가 어디로 향하는지를 잘 모른다면 마지막 위치에 대한 정보는 불확실하기 마련이다.

이를 파악할 수 있는 방법은 비행기의 마지막 위치를 확률로 표시하는 것이다. 하와이 상공에 있을 확률 30퍼센트, 피지 제도 상공에 있을 확률이 20퍼센트 정도라는 것이다. 그러면 비행기가 있음직한 자리를 표시한 점을 연결해서 그래프를 그릴 수 있다. 이런 식으로 확률 값들을 연결해놓은 그래프를 '파동함수'라고 부른다.

일상생활에서는 이런 일이 일어나지 않는다. 비행기의 행선지가 정확히 알려지므로 미국 뉴욕에서 출발한 항공기가 몇 시에 한국 인천공항에 도착하는지 정확하게 예상할 수 있다. 그러나 소립자 세계에서는 매번 측정할 때마다 대상의 상태가 변하기 때문에 모든 것을 확률과 파동함수로 설명할 수밖에 없다.

궤도상에 있는 전자가 태양 주위를 도는 행성처럼 어떤 덩어리로 되어 있다고 상상하면 간편하지만 실제로는 파동함수로 표현되는 것이 매우 껄끄럽다. 전자의 '파동' 꼭대기는 전자가 존재할 확률이 가장 높은 지점을 의미하며, 이 자리는 전자를 입자로 생각했을 때 그 입자가 놓일 자리가 된다. 우주의 현상이 이렇게 불확실한 것을 두고 아인슈타인과 보어가 나눈 대화는 잘 알려져 있다.

> 아인슈타인 : 신은 우주를 갖고 주사위 놀이를 하지 않는다.
>
> 보어 : 아이고 형님. 하느님한테 자꾸 이래라 저래라 하지 마세요.

고전 물리학과 모순되는 양자역학

독특한 소재를 다룬 영화 〈양들의 침묵〉에는 공포감을 주는 장면이 여럿 나오는데, 그중 마지막에 나오는 장면은 매우 극적인 상황을 연출한다. 아무것도 보이지 않는 어두운 지하실에서 변태 살인마 버팔로 빌과 FBI 견습 요원 클라리스 스탈링(조디 포스터 분)의 마지막 승부가 펼쳐진다. 엄밀한 의미에서 이 승부는 매우 불공정하다. 버팔로 빌은 야간 투시경(야시경)을 쓰고 스탈링을 보는 반면, 스탈링은 맨눈으로 암흑에 노출되어 있기 때문이다. 물론 할리우드 영화답게 스탈링은 동물적인 감각으로 버팔로 빌을 저격하지만, 최첨단 야시경에 비친 스탈링의 공포에 떠는 모습은 극적인 긴장감을 고조시켰다.

여기에 등장한 야시경이 바로 아인슈타인의 광전 효과에 착안해 만들어진 것이다. 야시경은 광증폭기photo multiplier라 불리는 소자의 2차원 배열로 이루어져 있다. 광증폭기란 광전 효과를 이용해서 빛신호를 전기 신호로 바꿔 증폭시킨 후에 다시 빛신호로 바꾸는 것이다. 야시경의 원리를 설명하면 다음과 같다.

금속판에 충분한 에너지의 빛을 쬐이면 광전 효과가 일어나 금속판의 전자가 방출된다. 만약 밤하늘의 별빛처럼 아주 약한 빛이 금속판을 때리면 에너지가 낮은 전자가 방출된다. 이러한 전자에 전기장을 걸어주면 전자는 가속되면서 에너지를 얻는다. 이렇게 가속된 전자가 다시 형광판을 때리면 이 전기신호는 강한 광신호로 바뀌어 우리 눈의 시세포를 자극한다. 이런 광증폭기를 2차원으로 배열하면 마치 TV처럼 2차원 공간을 보여준다.

영화 〈패트리어트 게임〉에도 야시경을 소재로 한 장면이 나온다. IRA 테러 집단이 미국 해군사관학교 교수인 잭 라이언(해리슨 포드 분)을 죽이기 위해 그의 집에 잠입한다. 테러범들은 잭의 집에 공급되는 전기를 차단해 내부를 완전히 어둡게 만든다. 그들은 야시경을 쓰고 있으므로 목표물을 쉽게 찾는다. 잭이 매우 불리한 상황이다. 잭은 발상을 전환했다. 잭이 숨어 있는 지하실로 테러범이 들이닥치자 갑자기 불을 켠 것이다. 테러범들은 아주 미약한 불빛으로도 사물을 볼 수 있는 야시경을 썼으므로 갑자기 강한 빛이 들어오자 눈에 심한 타격을 입는다.

영화에서는 잭 라이언이 야시경의 원리, 즉 광전 효과를 잘 아는 교수였으므로 야시경이 없어도 테러범들을 제압했다. 우리가 잘 모를 뿐이지 광전 효과는 수없이 많이 적용되고 있음을 단적으로 보여주는 사례다.

우리는 광자와 전자를 독립된 존재로 다루고 있지만, 사실 이 둘은 자연이 에너지를 만들어내는 두 개의 방식이다. 광자는 가장 낮은 단계의 에너지를, 전자는 그 다음 단계의 에너지를 대변한다. 양성자와 중성자를 가진 원자핵은 더 높은 에너지를 가지고 있다.

전자가 입자이면서 파동이라는 사실은 양자역학의 한 특성이지만, 우리의 일상 개념인 고전 물리학과 극히 모순된다. 따라서 원자와 같은 미시적 세계에서는 종래와 다른 개념과 새로운 법칙이 필요했다. 더욱이 고전 역학에서는 어떤 체계의 최초 위치와 운동 상태를 알면 운동 방정식을 풀어서 장래의 상태를 예지할 수 있었다. 그러나 미시적인 세계에서는 전자의 위치와 그 속도를 동시에 정확히 결정하는 것이 불가능하다. 바로 하이젠베르크의 불확정성 원리 때문인데, 이에 대해서는 이미 설명했다.

양자론을 이끌어내는 데 가장 중요한 역할을 한 아인슈타인은 하이젠베르크의 불확정성 원리를 반대했다. 그는 '신은 주사위 놀음을 하지 않는다'라는 유명한 말로 물리적 사건에서 우연이 본질적인 역할을 한다는 주장을 부정했다. 그는 우주가 질서정연하다고 믿었다. 아인슈타인은 "신은 뉴턴주의자임이 틀림없다"고 생각했다. 어떤 상황이나 계界, system*의 초기 조건을 정확히 알면 어느 시간 후에 어떻게 변할지를 정확하게 예측할 수 있다는 것이다.

원래 아인슈타인은 물리학에서 절대적인 기준점이 존재한다는 개념을 버리고, 시간과 공간이 절대적이라

---

* 계는 경계나 수학적 제약으로 정의된 실제 또는 상상적인 우주의 일부분을 가리킨다.

는 것도 포기하도록 강요한 사람이다. 아인슈타인은 시간은 절대적인 것이 아니며 우주의 모든 곳에서 똑같은 속도로 흐르는 것이 아니라고 주장했다. 그에 의해 시간의 정의조차 달라진 것이다.

아인슈타인은 상대적인 계들 사이의 관계를 정확한 식으로 나타냄으로써, 우주는 정해진 모양을 가지고 있으며 비록 상대적이기는 하지만 연속적이고 예측 가능하다고 믿었다. 확률로 우주를 생각한다는 것은 어불성설이라는 것이다.

아인슈타인은 자연을 이루는 전자와 같은 기본 입자들이 인과율의 구속에서 벗어나 자유롭게 돌아다닌다는 주장을 도저히 받아들일 수 없었다. 1930년 그는 반격을 시도한다.

아인슈타인은 운동량의 불확실성을 증가시키지 않고는 위치의 불확실성을 감소시킬 수 없다는 하이젠베르크의 불확정성 원리를 이용해, 측정하는 시간의 불확실성을 증가시키지 않고는 측정하고자 하는 에너지의 불확실성을 감소시킬 수 없다는 것을 증명했다. 하이젠베르크의 불확정성 원리를 역으로 반증하는 데 사용한 것이다. 그러나 1954년에 파동함수의 통계적 해석으로 노벨 물리학상을 받은 막스 보른Max Born, 1882~1970을 비롯한 많은 학자는 아인슈타인의 손을 들어주지 않았다.

물리학계의 차가운 반응 속에서 아인슈타인의 반론은 엉뚱한 곳에서 이용되어 또 다시 그의 성과를 높이게 된다. 하이젠베르크의 불확정성 원리에 대한 아인슈타인의 반증은 소립자의 세계에서 아주 짧은 시간 동안은 에너지 보존 법칙이 깨질 수 있다는 것을 의미하기 때문이다. 그러나 그 짧은 시간이 지나면 다시 보존 상태로 되돌아오며, 에너지 보존 상태에서 많이 이탈할수록 그 이탈 시간은 짧아진다. 유카와 히데키湯川秀樹가 이 이론을 적용해 중간자에 대한 이론을 확립시켰고, 그는 1949년 노벨 물리학상을 받는다.

시간과 공간이 변한다

현대 문명의 상당 부분이 아인슈타인의 광전 효과에 힘입었지만 아인슈타인의 간판은 상대성 이론이다. 그러나 상대성 이론 자체는 갈릴레오 갈릴레이로 소급된다.

정지해 있거나 등속(일정한 속도)으로 움직이는 배 위에서 손에 쥔 돌을 떨어뜨리면 돌은 바로 발밑으로 낙하한다. 이것은 물체가 낙하하는 것에 대한 역학의 법칙이 같기 때문에 일어나는 일이다. 등속 운동을 하고 있는 좌표를 '관성계'*라고 하며, 갈릴레이는 '관성계에서는 모든 역학 법칙이 변하지 않는다'고 생각했다. 바로 갈릴레이의 상대성 원리이다.

아인슈타인의 중요성은 뉴턴이나 갈릴레이가 인식한 역학 법칙만이 아니라 전자기에 대해서도 상대성 원리를 만족시킨다고 생각했다는 점이다. 관성계에서는 역학과 전자기를 포함한 모든 물리 법칙이 변하지 않는다는 생각이다.

아인슈타인은 또 '빛의 속도는 언제나 일정하고, 그 속도는 광원의 운동 상태와 무관하다'고 생각했다. 맥스웰의 방정식이 옳다면 빛의 속도는 물리 상수로서 결정된다. 아인슈타인의 상대성 원리로 생각하면 어떤 기

---

* 뉴턴은 물체가 외부 힘이 가해지지 않으면 일정한 속도로 움직이는 것을 관성이라고 정의했다. 이를 뉴턴의 운동 법칙 중 제1법칙인 '관성의 법칙'이라고 한다. 관성계는 이러한 관성의 법칙이 성립하는 계를 말한다. 관성계 내에서 힘을 받지 않는 물체는 정지해 있거나 일직선으로 등속 운동을 한다.

준에서도 맥스웰의 방정식은 성립한다. 그렇다면 어떤 기준에서 보더라도 빛의 속도는 변하지 않아야 한다. 빛에 대해 어떤 상대 운동을 하더라도 빛의 속도가 바뀌지 않는다면(광속 불변의 법칙) 필연적으로 속도를 규정하는 시간과 공간에 대한 종래의 태도를 변경해야 하는 점이 아인슈타인을 부동의 과학자로 만든 것이다.

아인슈타인의 상대성 원리와 광속도 불변의 원리는 서로 모순되는 것처럼 보인다. 시속 50킬로미터로 달리는 차 안에서 앞쪽을 향해 시속 50킬로미터로 던진 공을 지상에 서 있는 사람이 보면 공은 시속 100킬로미터로 보인다. 그러나 광속도 불변의 원리를 받아들이면 광원이 어떠한 속도로 움직여도 광원 속도와 빛의 속도가 합해지지 않는다. 광원에서 나오는 빛의 속도는 광원의 속도와 무관하게 일정한 속도로 보인다. 맥스웰의 방정식에 따르면 빛의 속도가 일정해야 하므로 속도 합성의 법칙에 위배되는 것이다.

1905년 봄 어느 날 아인슈타인은 잠에서 깨어났을 때 그 해답이 '갑자기 떠올라 이해가 되었다'고 기록했다. 그는 곧바로 「운동하는 물체의 전기역학」이라는 제목의 특수 상대성 이론을 다룬 논문을 작성했고, 논문이 완성된 것은 그날로부터 5주 후인 1905년 6월이었다.

아인슈타인의 머리에서 갑자기 떠오른 답은 시간과 공간에 대한 생각을 바꾸는 것이다. 아인슈타인 이전의 물리학에서는 시간의 진행 방식이나 공간의 거리는 운동의 상태와 무관하게 어디의 누구에게도 일정하다고 보았다. 속도는 거리를 시간으로 나누어 구할 수 있다. 시간이나 거리(공간)가 일정하다면 시간과 거리의 관계에 따라 빛의 속도는 변해야 한다.

여기에서 아인슈타인은 바꾸어서 생각했다. 빛의 속도가 일정해지도록 시간과 공간의 관계를 설정하는 것이다. 빛의 속도는 불변이고 시간이나 공간이 상대적으로 변한다고 보았다. 이제까지 당연하게 생각했던 1초나 1킬로미터가 모든 사람에게 똑같은 1초와 1킬로미터가 아니라는 것이다. 아인슈타인은 기존의 전통적인 물리학, 즉 뉴턴 물리학과 자신의 생각이 어떻게 다른지 다음과 같이 설명했다.

"역으로 들어오는 기차를 예로 보자. 두 명의 관찰자 중 한 명은 달리는 기차 안에 있고, 다른 한 명은 플랫폼에 서서 지나가는 기차를 바라보고 있다. 전통적인 물리학에서는 당연히 두 관찰자에게 기차의 길이가 똑같이 측정된다. 그러나 나의 이론에서는 그렇지 않다. 플랫폼에서 있는 관찰자가 측정한 기차의 길이가 더 짧게 나온다. 이것은 단순한 관찰자의 착시 때문이 아니라 운동에 의해 일어나는 공간 자체의 변화 때문이다.

기차뿐만 아니라 모든 움직이는 물체에 대해서 같은 원리가 적용된다. 기차에 타고 있는 관찰자가 1미터의 막대기를 기차가 달리는 방향을 향해 들고 있다면 플랫폼에 서 있는 관찰자에게는 그 막대기의 길이가 1미터보다 짧은데, 그 짧아지는 정도를 수학적으로 정확히 계산할 수 있다."

그의 이론에 따르면 고체 막대는 정지해 있을 때보다 움직일 때 더 짧으며 빨리 움직일수록 더 짧아진다. 그의 계산에 따르면, 긴 직선 철로를 90미터의 기차를 타고 광속의 5분의 3 속도로 달릴 때, 이 기차를 관찰하는 사람에게는 기차의 길이가 72미터가 된다. 관찰자에게는 기차 안의 모든 것이 기차의 진행 방향으로 짧아진 것처럼 보인다. 또한 보통의 동그란 접시라도 기차 바깥에서 보면 기차의 길이 방향 지름이 기차의 폭

방향 지름의 5분의 4인 타원형으로 보인다. 물론 이 모든 현상은 가역적으로 일어난다.

바로 이 아이디어가 고전 물리학에 절대적인 변경을 요청한 핵폭탄이라고 볼 수 있다. 변경이 가해진 계산식에 따라 일상생활의 감각으로 보면 기묘하게 느껴지는 현상이 발생한다. 정지하고 있는 사람이 보면 고속으로 달리는 물체의 시계는 느리게 가는 것으로 보인다. 마찬가지로 멈춰 선 사람이 운동하는 물체를 보면 진행 방향으로 길이가 수축하고 있는 것으로 보인다.

이와 같은 효과는 광속에 접근할수록 현저하게 나타나며, 일상생활에서는 거의 영향이 없다. 예컨대 시속 360킬로미터(초속 100미터)로 움직이는 고속전철이라 해도 광속에 비하면 300만 분의 1에 불과해 특수 상대성 이론의 효과는 거의 볼 수 없다.

특수 상대성 이론을 설명한 논문을 발표한 후 아인슈타인은 자신이 주목받을 것으로 생각했지만, 잠시 동안 아무런 반응이 없어 낙담했다. 그의 가치를 처음으로 인정한 사람은 물리학자 막스 플랑크였다. 1906년 플랑크는 아인슈타인에게 몇 가지 의문점을 질문했고, 플랑크의 조수로 1914년 노벨상을 수상한 막스 폰 라우에Max von Laue, 1879~1960가 아인슈타인을 찾아와 그의 이론에 대해 토의했다. 곧바로 다른 물리학자들이 그의 이론을 연구하기 시작했다.

특수 상대성 이론은 시간이나 거리를 재는 사람, 즉 관찰자가 등속도로 운동하는 경우에 성립한다. 여기에서 관찰자가 서로 가속되고 있는 경우에도 상대성 원리가 성립하는가 하는 의문을 던졌다. 특수 상대성 이론을 발표한 후 아인슈타인은 뉴턴의 만유인력 법칙을 어떻게 하면 상대성 이론에 결합시킬 수 있을까를 생각하기 시작했다. 그에 대한 해답은 1907년 11월에 떠올랐다.

> '사람이 높은 곳에서 중력이 이끄는 대로 떨어지면 자신의 무게를 느끼지 않을 것이다.'

엘리베이터를 타고 내려갈 때 몸이 뜨는 것 같은 감각을 느끼는 사람이 많을 것이다. 엘리베이터를 매달고 있는 줄이 끊어지면 엘리베이터는 아래로 떨어지고 그 안의 물체는 공중에 뜬 상태가 된다. 이것은 엘리베이터가 낙하할 때 가속도 운동에 의해 무중력 상태가 되기 때문이다. 반대로 무중력 상태의 우주 공간에서 엘리베이터를 위쪽으로 끌어올리면 엘리베이터 안에 떠 있던 사람은 바닥을 내리누르게 된다. 위쪽을 향한 가속도에 의해 중력과 같은 효과가 나타나기 때문이다.

아인슈타인은 중력에 의한 효과와 가속에 의한 효과가 같다고 생각했다. 나중에 '등가의 원리'라고 부르는 이 생각이 일반 상대성 이론의 제1보가 된다. 관성계뿐만 아니라 임의로 가속도 운동을 하는 계로까지 일반화하여 1916년 일반 상대성 이론을 완성했다.

일반 상대성 이론에서는 시간과 공간을 휘어진 것으로 파악한다. 아인슈타인은 시간과 공간을 생각하기 위해 일반 유클리드 기하학*이 아니라 다른 기하학이 필요하다고 생각했다. 이때 그의 친구이자 수학자인 그로스만이 아인슈타인의 문제 해결에 리만 기하학**이

---

* 기하학은 도형과 공간의 성질을 연구하는 학문이다. 유클리드 기하학은 기원전 300년경 고대 그리스의 수학자 에우클레이데스(Euclid, 기원전 330?~기원전 275?, 유클리드는 영어식 표기)가 구축한 수학 체계를 말한다. 유클리드는 정의-공리-정리로 이어지는 수학적 과정이 수학 이론을 체계적으로 세우는 절차라고 보았다. 학교에서 배운 수학 공식들이 대부분 유클리드 기하학에 속한다.

** 리만 기하학은 1854년 독일의 수학자 베른하르트 리만이 발표했다. 종래의 3차원을 넘어 n 차원의 새로운 공간 기하학을 다룬다. 타원형 비유클리드 기하학이라고도 한다.

적합하다고 알려주었다. 리만 기하학은 19세기 중엽에 만들어진 것으로 고차원의 휘어진 공간을 다루고 있다.

물리학에 큰 충격을 준 상대성 이론

아인슈타인이 상대성 이론을 도출하기 전까지 물리학자들을 가장 골머리 아프게 만든 것은 뉴턴의 이론으로 물체의 중력이 관성 질량과 비례하는 이유를 설명하지 못한다는 점이었다. 중력 가속도가 물체의 질량이나 성분과 무관한 이유, 즉 포탄과 깃털이 같은 속도로 떨어지는 이유가 무엇인지를 해결하지 못했다.

관성 질량은 매끄러운 바닥에서 가방을 밀 때 느껴지는 힘으로, 중력 질량은 가방을 들어 올릴 때 느껴지는 힘으로 비유할 수 있다. 이것은 두 질량 사이에 뚜렷한 차이가 있음을 암시한다. 중력 질량은 중력이 드러나는 것이고, 관성 질량은 물질의 불변적 특성을 말한다.

지구 궤도를 벗어난 우주선 안의 가방은 지구의 중력에서 벗어나 있으므로 무게가 없다. 다시 말해 가방의 중력 질량은 0이다. 그러나 가방의 관성 질량은 언제나 동일하다.

만약 지상에서 잰 가방의 무게가 15킬로그램이라고 하자. 이 무게가 가방의 중력 질량이다. 이 가방을 비교적 마찰력이 적은 곳에 놓고 스프링 저울에 달아놓으면 가방은 15킬로그램의 눈금에 도달할 때까지 같은 가속으로 떨어진다. 이것이 관성 질량이다.

수세기 전부터 과학자들은 중력 질량과 관성 질량이 같다는 사실을 알고 있었다. 중력 질량과 관성 질량이 같기 때문에 포탄과 농구공은 무게가 다르지만 같은 속도로 떨어진다. 포탄의 중력 질량이 훨씬 크지만 같은 크기로 관성 질량도 크기 때문에 느리게 가속되는 것이다. 다시 말해 두 질량이 서로 상쇄된다는 등가 법칙이 성립한다.

뉴턴의 물리학은 등가 법칙을 단지 우연적인 것으로 생각했던 것에 반해 아인슈타인은 그 이유가 있다고 생각했다. 아인슈타인은 중력이 가속이라는 형태로 해석될 수 있다면, 가속은 구부러진 공간의 곡면을 따라 일어날 수 있다고 생각했다. 이점이 뉴턴의 역학과 다른 점이다.

뉴턴의 이론에 따르면, 모든 물체의 중력은 질량에

상대성 이론에 대해 설명하고 있는 아인슈타인.

비례하므로 다른 물체를 끌어당긴다. 그러나 아인슈타인은 태양처럼 거대한 물체는 중력이 너무 커서 회전할 때 공간을 함께 끌어들인다고 주장했다. 근처의 공간이 휘거나 구부러진다는 것이다. 이 내용은 현재 초등학생들도 다 안다.

아인슈타인의 등가 원리를 여기에 적용하면, 중력 질량과 관성 질량이 같아진다. 즉, 아인슈타인은 우주선의 가속이 지구의 중력으로 인한 가속과 같다는 것을 지적했다. 실제로 지구의 중력을 받으며 지구에 앉아 있는 것과 가속되고 있는 우주선을 타고 우주 공간을 날아가는 것은 차이가 없다. 다시 말해 가속되고 있는 우주선 안에서 물체를 관찰하는 것과 중력이 있는 곳에서 물체를 관찰하는 것에 차이가 없다는 말이다. 아인슈타인의 상대성 원리에 따라 외양으로는 달라 보이는 중력 질량과 관성 질량이 같다는 것을 말끔하게 설명했다.

더욱이 뉴턴은 변하지 않는 절대공간의 존재를 믿었다. 뉴턴의 이론에 따르면, 공간이란 개념은 관찰자의 위치와 상관이 없었다. 뉴턴은 자신의 이론을 증명하기 위해 밧줄에 물통을 매달아 실험했다. 양동이를 돌리자 밧줄이 꼬였다. 처음에는 평평하던 물 표면이 양동이가 회전함에 따라 함께 회전했고 급기야 양동이와 같은 속도로 회전했다. 이 시점에서 물 표면은 포물선을 그렸다.

뉴턴은 물 표면을 변화시킨 것은 양동이의 운동 때문이 아니라 물 표면이 물에 영향을 받는 시점에서는 물이 더 이상 양동이를 따라 움직이지 않았기 때문이라고 설명했다. 대신 그는 물 자체의 운동이 이 차이를 만들어낸다고 믿었다. 어쨌든 물이 회전 운동을 하는 것은 사실이므로 이 실험으로 뉴턴은 힘의 작용 여부를 결정하는 절대공간이 있다는 결론을 내렸다.

이런 뉴턴의 주장을 오스트리아의 물리학자 에른스트 마흐가 비판했다. 마흐는 지구가 그렇듯 물이 주변 질량에 반응하는 것은 자체의 운동 때문이 아니라 주변의 질량 때문에 돈다고 주장했다. 절대공간이 있다는 뉴턴의 생각에 오류가 있다는 지적이었다.

학자들은 뉴턴의 이론에 오류가 있다는 것을 발견했지만 어느 누구도 그의 이론이 가진 결함을 수정할 정교한 중력 이론을 내놓지 못했다. 그런데 특허청에 근무하고 있던 아인슈타인이 그 방법론을 제시한 것이다.

20세기 물리학의 또 하나의 기둥인 양자론과 함께

상대성 이론은 소립자 물리학이나 우주론, 천문학을 크게 발전시키는 원동력이 되었다. 특히 상대성 이론은 뉴턴의 역학을 근본에서부터 완전히 뒤엎은 혁명적인 이론이라고 평가받는다. 그러나 원칙적으로 일반 상대성 이론과 뉴턴 법칙은 일상 세계에서는 기본적으로 똑같은 결과를 얻는다. 뉴턴 역학도 일상생활이나 궤도위에 위성이 놓여 있는 것과 같은 보편적인 천문학에는 잘 맞는다는 뜻이다.

뉴턴의 역학에서 물체의 질량이란 그 안에 들어 있는 '물질의 양'이며, 물체의 관성은 주어진 가속도를 만들어내는 데 필요한 힘이 가속도와 질량의 곱이라는 법칙에 따라 파악할 수 있다. 아인슈타인은 이 이론에서 광속 등 특이한 문제에 부딪히면 속도에 따른 질량 증가 이론을 고려해야 한다고 주장한다. 물체의 질량은 속도와 더불어 대략 그 운동 에너지에 비례해서 증가한다는 것이다. 결론적으로 아인슈타인은 뉴턴의 이론에 약간의 수정을 가한 것으로 볼 수 있다.

뉴턴과 아인슈타인은 항상 비교가 되지만 아인슈타인의 이론도 느린 속도에서는 뉴턴의 역학과 일치한다. 그러나 빛의 속도에 따른 특성을 고려하려면 뉴턴의 질량 개념을 약간 변형해야 한다는 것이다. 느리게 움직이는 물체는 뉴턴의 법칙을 따르고, 광속에 가까운 물체는 아인슈타인의 법칙을 따르는 것이다.

큰 틀에서 뉴턴과 아인슈타인의 차이점을 보자. 뉴턴과 고전 물리학에서는 공간과 시간이 절대적이라고 보는 데 반해 아인슈타인은 그렇지 않다고 설명했다. 고전 물리학에 따르면 어딘가에 모든 운동을 측정하는 기준이 되는 '아르키메데스의 점'이 존재하며, 어딘가에 보편적인 시간을 알리는 표준적인 시계추가 존재하고, 질량과 에너지는 상호 변환할 수 없으며, 물체들은 빛보다 빠르게 움직일 수도 있다.

반면에 아인슈타인은 이들과 절대적으로 다른 결론에 도달했다. 그러므로 뉴턴의 공식 $F=ma$와 아인슈타인의 공식 $E=mc^2$에 똑같이 m(질량)이 등장하지만 두 사람의 물리학에서 질량의 개념이 전혀 다르다는 사실을 간과해서는 안 된다.

고전 물리학은 일반적으로 뉴턴의 물리학을 뜻하는데, 정확하게 말하면 갈릴레오 갈릴레이로 거슬러 올라간다. 전자기 복사에 관한 맥스웰의 연구도 고전 물리학에 포함된다. 따라서 고전 물리학은 양자론이 등장하면서 세계를 뒤흔들어놓은 20세기 이전의 과학을 지칭한다고 볼 수 있다. 결국 아인슈타인의 상대성 이론은 상식의 울타리를 넘어서 더욱 넓은 세계에서 통용되는 올바른 생각을 제시했다는 것이다.

미국의 『라이프』 지는 '지난 1000년을 만든 100인' 중에 뉴턴을 여섯 번째로 선정하고, 아인슈타인을 스물한 번째로 선정했다. 존 시몬스가 선정한 '과학자 100인'에서도 1위가 뉴턴이고, 2위가 아인슈타인이라는 데 의아해하는 사람들도 있을 것이다. 이는 뉴턴의 역학 덕분에 우리가 일상생활에 거의 불편 없이 천체 현상 등을 해석할 수 있으므로, 실제 피부로 느끼는 중요성은 아인슈타인보다 뉴턴이 더 높기 때문이다. 그러나 〈디스커버리〉 채널에서 발표한 결과는 좀 달랐다. 세계의 각 전문가들을 대상으로 종교와 인문 분야를 제외하고 '인류사를 바꾼 위대한 발견 열 가지'를 선정했는데, 아인슈타인의 상대성 이론이 두 번째, E=mc2이 세 번째로 꼽혔다. 뉴턴의 만유인력은 열 번째로 선정되었다. 참고로 '1000년을 만든 100인' 중 첫 번째로 선정된 사람은 전구를 발명한 '발명왕' 토머스 에디슨이다.

상대성 이론에서 나오는 결론은 보통의 상식에 비추어 보면 오히려 앞뒤가 맞지 않는 느낌이 든다. 상대성 이론이 어렵고 알기 힘든 이론이라고 말하는 것도 그 때문이다. 옛날 사람들에게는 땅은 평평하고 어디까지 가도 끝이 없다고 하는 것이 상식이었다. 그러나 지리 지식이 풍부해짐에 따라 지금은 누구라도 지구가 둥글다는 사실을 알고 있다.

상대성 이론에 관해서도 19세기 말부터 20세기에 걸쳐서 실험이나 관측 기술이 발달하고, 빛 속도만큼 빠른 속도를 연구하게 되자 지금까지의 시공간에 관한 상식으로는 풀 수 없는 것이 많아졌다. 바로 그러한 문제점을 아인슈타인이 제시했기 때문에 위대한 과학자 중에 한 사람으로 거론되는 것이다.

참고문헌

권오관, 「물과 빛으로 쇠를 자른다」, 『과학동아』, 1993년 2월호.
김광호, 「바코드, 앞으로 40년 이상 유용」, 『내일신문』, 2004년 7월 1일.
김영, 「남의 흠집만 들추어낸 물리학자 파울러」, 『대중과학』(중국), 2010년 1월호.
김용평, 「루비레이저에서 자유전자레이저까지」, 『과학동아』, 1991년 2월호.
김정윤, 「레이저빔 발사해 안개를 거둔다」, 『과학동아』, 2003년 9월호.
이덕환, 「콩의 정체는」, 『디지털타임스』, 2007년 2월 6일.
이종민, 「빛에 얼어버린 원자」, 『중앙일보』, 2007년 3월 17일.
데이비드 보더니스, 김경남 옮김, 『일렉트릭 유니버스』, 생각의나무, 2005.
로버트 M. 헤이즌 · 제이스 트레필, 이창호 옮김, 『과학의 열쇠』, 교양인, 2008.
빌 브라이슨, 이덕환 옮김, 『거의 모든 것의 역사』, 까치, 2005.
정갑수, 『물리법칙으로 이루어진 세상』, 양문, 2007.
제임스 E. 매클렐란 3세 · 해럴드 도른, 전대호 옮김, 『과학과 기술로 본 세계사 강의』, 모티브, 2006.

아인슈타인 이론 검증

상상,
현실이 되다

아인슈타인의 이론이 처음 나왔을 때 대부분의 물리학자는 그의 이론을 받아들이려 하지 않았다. 그의 이론을 젊은 과학자의 객기 정도로 여겼다. 물론 모든 학자가 아인슈타인에게 배타적인 것은 아니었다. 아인슈타인의 이론을 뚱딴지같다고 무시하는 학자가 다수였지만, 새로운 이론에 매료된 학자도 많았다.

아인슈타인이 생각한 공간의 4차원은 상당한 상상력이 필요하다. 일반적으로 현실적인 공간에서는 그리스 수학자 유클리드 기하학이 유효하지만, 일반 상대성 이론에서는 유클리드 기하학엔 없는 것이 등장한다. 예를 들어 임의의 점을 통해 임의의 선이 만들어지므로 수평선이 존재하지 않는다. 기하학이 유효한 공간은 플러스나 마이너스 곡률의 상수를 갖기 때문이다.

아인슈타인의 이론에 따르면, 물질로 채워진 공간은 구부러져 있다. 빛은 가장 빠르게 움직이는 신호로, 직선으로 움직이지 않고 공간의 곡률을 따라간다고 설명한다. 그러므로 빛이 흡수되지 않는다는 전제를 하면 엄청난 시간이 지난 후 다시 출발점으로 되돌아가게 된다. 이를 위해 약 2000억 광년이 필요하다. 그런데 우리가 살고 있는 우주의 나이는 수없이 변경되다가 약 138억~141억 년으로 정리되었다.

문제는 이러한 아인슈타인의 가설을 증명할 방법이 마땅치 않다는 점이다. 학자들, 특히 물리학자들에게 인정받으려면 엄밀한 검증 자료가 있어야 하는데, 아인슈타인의 이론은 광속처럼 상상을 초월하는 현상을 다루기 때문에 실험으로 검증하기가 쉽지 않다.

이때 아인슈타인의 진가가 발휘된다. 자신의 이론을 증명하는 것이 쉽지 않다는 것을 알자, 아인슈타인은 자신의 중력 이론을 검증하기 위해 세 가지 실험을 제안했다. 첫째는 수성 궤도의 사소한 변화, 둘째는 태양 중력장에서의 빛의 사소한 구부러짐, 셋째는 중력장에서의 시계의 늦음이다.

그러나 상대성 이론에는 입증되지 않은 미지의 내용이 많으므로 사실 인류 역사상 아인슈타인만큼 자신이 주장한 논문에 대해 철저한 검증을 받은 학자는 없다고 보아도 과언이 아니다. 학자들도 아인슈타인의 논리를 철저하게 검증하는 데 주저하지 않았다. 그만큼 아인슈타인의 이론이 매력적이라는 뜻인데, 흥미로운 것은 아인슈타인의 이론을 검증한 사람들 대부분에게 노벨상이란 과실이 수여되었다는 점이다.

수성 궤도 변화

뉴턴의 이론에 따르면, 한 행성은 다른 행성들의 영향 때문에 생기는 계산 가능한 섭동perturbation*을 제외하고, 정확하게 똑같은 길을 영원히 따라 돈다. 이 문제에 이론을 제기하는 학자는 없었다. 그런데 아인슈타인은

---

* 섭동이란 에너지가 안정적인 상태인 계가 외부에서 영향을 받아 상호작용을 한 뒤 작은 변화가 일어난 것을 의미한다.

과감하게 태양계의 행성조차 반드시 그렇지 않다는 것을 설명할 수 있다고 주장했다.

태양계 안에서 행성이 태양을 돌 때마다 근일점(태양에 가장 가까이 접근한 점)은 약간씩 앞쪽으로 움직이며, 몇백 년이 흐르면서 타원형 궤도가 조금씩 선회하거나 나아간다. 이 근일점의 나아감은 원주가 거의 10억 킬로미터인 궤도에서 불과 몇 킬로미터에 지나지 않을 정도로 정확하다.

태양에서 가장 가까운 행성인 수성은 속도가 가장 빠른 데다 가장 많이 회전하는 궤도를 가진다. 그런데 수성의 궤도에는 이유를 알 수 없는 특별한 성질이 있다. 수성의 근일점이 항상 달랐다. 뉴턴의 이론에 따르면, 행성이 태양 주위를 회전할 때 그리는 궤도가 타원이므로 행성의 궤적을 추적하는 것이 어려운 일이 아니며, 실제로 모두 정확하게 맞았다. 하지만 수성의 회전 주기만은 예상했던 것보다 약간 더 길었다.

프랑스의 천문학자 위르뱅 장 조제프 르베리에 Urbain Jean Joseph Leverrier, 1811~1877는 수성 궤도의 근일점이 100년에 43초씩 이동한다는 것을 발견했다. 실제로 수성 궤도면의 전체 회전 각도는 100년에 574초지만 그중 약 531초는 다른 행성의 중력 때문이라는 것이 알려졌다. 43초의 차이가 나는 것이다. 43초의 차이란 1년 동안 길어진 각도가 기껏해야 10킬로미터 밖에서 동전을 관찰하는 사람의 눈에 보이는 현의 길이 만큼에 해당한다.

그러나 물리학계에서 이 차이는 매우 큰 것이다. 심지어 이런 오차를 설명하기 위해 태양의 먼 뒤편에 '불칸Vulkan'이라는 보이지 않는 행성까지 가정했을 정도였다. 이와 같은 주장이 나온 것은 행성이 다른 행성의 영향을 받기 때문이다. 해왕성은 천왕성이 궤도를 변화시킨다고 르베리에가 예언한 후 마침내 발견한 것이다.

천문학자들을 가장 고민에 빠뜨린 이 작은 오차를 설명할 방법이 마땅치 않았다. 그러나 아인슈타인은 일반 상대성 이론을 적용해 정확하게 43초라는 각도가 나온다고 발표했다. 예전에는 도저히 설명할 수 없었던 회전량이 초과하는 이유를, 아인슈타인은 다른 행성에서 받는 중력의 영향으로 이동했기 때문이라고 설명했다. 수성의 회전 주기는 다른 행성들의 교란 때문에 약간의 오차가 생긴다는 것이다. 이것이 일반 상대성 이론의 최초 증명이다.

이론적인 계산으로 수성의 이상함이 증명되었지만 학자들은 이론이 아니라 실질적인 검증에도 통과해야 비로소 이를 인정한다. 그러므로 학자들은 수성의 변위를 직접 측정하고자 했다. 문제는 천문학에서 수성의 운동을 점검하기가 간단하지 않다는 것이다.

지구 축의 비틀림 때문에 수성의 근일점은 매년 거의 호의 1분(1도의 약 60분의 1)만큼 옮기는 것처럼 보인다. 수성의 근일점은 이것의 약 10분의 1 비율로 실제 움직이는데, 이는 아인슈타인 효과 때문이 아니라 다른 행성들의 영향 때문이다. 아인슈타인이 설명한 운동은 관찰된 운동의 100분의 1보다 적었다. 이것은 수성의 이상함을 검증하는 것이 간단하지 않음을 의미한다.

그런데 이런 어려운 작업을 자청하는 사람이 항상 있게 마련이다. 바로 미국 하버드대학교의 천체물리학자 어윈 샤피로Irwin Ira Shapiro, 1929~이다. 그는 레이더로 수성을 정밀하게 관찰해 아인슈타인 효과에 기인한 옮겨짐을 예언의 0.5퍼센트 오차 이내로 확인했다. 아인슈타인이 제안한 첫 번째 검증이 아인슈타인이 사망한 후 확인된 것이다.

중력의 휘어짐

아인슈타인이 수성에서 발견한 근일점의 편차를 말끔하게 설명했지만, 그의 이론이 워낙 혁명적이었기에 당대의 많은 과학자는 쉽게 이해하지 못했다. 더구나 그가 제시한 나머지 두 가지 증명 방법을 당대의 과학기술로 검증하기란 간단한 일이 아니었다.

그런데 아인슈타인이 검증 방법으로 제시한 태양 중력장에서의 빛의 사소한 구부러짐은 당대의 과학기술로도 어느 정도 노력만 하면 검증 가능하다는 것을 학자들은 알고 있었다. 아인슈타인이 자신의 이론을 검증할 수 있는 보다 확실한 방법으로, 개기일식 때 빛의 경로를 측정해볼 것을 제안했기 때문이다.

아인슈타인은 1911년 태양을 통과하는 빛이 중력장에 의해 직선으로부터 1.75초만큼 휜다고 발표했다. 공간을 평평하다고 보는 뉴턴 역학에 의거해, 1801년 베를린의 천문학자 요한 게오르그 폰 솔드너Johann Georg von Soldner, 1776~1833가 계산한 것에 따르면, 태양 표면을 스치듯 지나가는 빛의 휘어짐은 0.84초다.

만약 태양의 뒤에 별이 있어서 일식 때 그 별의 가

장자리를 관측한 후, 지구가 반 바퀴 공전한 다음에 태양의 간섭을 받지 않은 그 별의 위치를 관측할 수 있다면, 태양의 중력에 의해 그 별빛이 휜다는 것을 검증할 수 있다는 것이다.

그런데 이들 검증에는 상당한 우여곡절이 따른다. 우선 아인슈타인의 실수도 있다. 아인슈타인은 1911년 3월 프라하의 카를페르디난트대학교 정교수가 되기 전 취리히대학교에서 무려 17편의 논문을 발표했는데, 그중 한 논문이 「빛의 진행에 중력이 미치는 영향에 관하여」이다. 여기에서 그는 별빛의 휘어짐을 0.83초로 계산했다. 이 값은 앞에서 설명한 뉴턴의 역학에서 도출되는 중력의 휘어짐과 다름없다.

추후에 아인슈타인이 이 각도를 1.75초로 정정했지만 아인슈타인의 이 실수는 그의 이론을 설명할 때마다 반드시 따라다닌다. 한마디로 아인슈타인이 수학에 밝지 못하다는 것이다. 아인슈타인이 이 같은 실수를 저지른 것은 당시 그가 중력의 효과를 과소평가했기 때문이다.

아인슈타인은 1905년 특수 상대성 이론을 발표한 후 1911년까지 공간의 굴곡에 대해 명쾌한 견해를 밝히지 못한 상태였다. 아인슈타인의 진가는 이때 나타난다. 그는 자신의 실수를 만회하기 위해 특수 상대성 이론의 '중력이 시간을 느리게 가게 한다'는 생각을 진전시켜 거대한 물체들에 의해 공간과 시간이 뒤틀린다고 발표했다. 1911년 발표된 논문에서 그는 비로소 유명한 상대성 이론의 기본을 설명한다.

> "중력의 전위가 다른 곳에서 시계가 같은 비율로 간다고 간주해야 할 근거가 없다."

아인슈타인은 이러한 독창적인 생각을 수학으로 전개하지 못하고 있었는데, 이때 그에게 지원군이 나타난다. 취리히공대 친구인 그로스만이 그에게 한 수 가르쳤다. 나이절 콜더는 당시를 다음과 같이 설명했다.

> "박식한 교수 그로스만이 그다지 박식하지 못한 아인슈타인 교수에게 '텐서 해석tensor calculus'을 사용해 시공의 기하학을 다루는 법을 가르쳐주었다."

아인슈타인이 그로스만과 함께 수학적인 비법을

사용해 자신의 이론, 즉 새로운 중력의 법칙을 거의 정립할 수 있었다는 설명이다. 이들은 1913년 공동으로 논문을 제출했는데, 완벽한 이론은 아니었다.

이후 아인슈타인은 그로스만과 공동 연구로 도출한 중력 방정식을 과감히 버리고, 1915년 일반 상대성 이론의 올바른 수학을 찾는 데 몰두했다. 결론을 말한다면 그는 엄밀한 해법을 찾아냈고 1916년 3월에 『물리학 연보』에 유명한 「일반 상대성 이론의 기초」라는 논문을 발표했다. 추후에 아인슈타인은 다음과 같이 말했다.

> "확신과 기진맥진이 교차하면서 강한 열망을 가지고 어둠 속에서 빛을 찾으면서 몇 년을 지낸 사람들만이 그것을 이해할 수 있을 것이다."

이제 아인슈타인이 중력에 의한 빛의 휘어짐을 어떻게 증명하는지 과정을 설명한다. 1916년 아인슈타인의 이론에 매료된 독일 과학자들은 그의 예언을 검증하기 위해 모든 실험 장비를 갖추고 일식이 일어나는 러시아로 출발했다. 그러나 당시는 제1차 세계대전 중인 데다가 러시아와 독일은 적성 국가였다. 독일 학자들은 순수한 연구 목적임을 역설했는데도 모든 실험 장비를 압류당하고 추방당했다. 아인슈타인의 이론에 대한 검증은 연기될 수밖에 없었다.

1918년 제1차 세계대전이 끝나자 이번에는 독일과 적국으로 싸웠던 영국이 나섰다. 아인슈타인의 예언을 검증하기 위해 일식이 예상되는 지점으로 영국에서 관측대를 보내겠다는 것이었다. 곧바로 '적국 독일의 과학자가 내놓은 이론을 시험하기 위해서 영국이 많은 돈을 들여 관측대를 파견할 수는 없다'며 반대가 일어났다.

당시 관측 계획의 위원장이자 양심적인 반전 운동으로 유명한 천문학자 아서 스탠리 에딩턴Arthur Stanley Eddington, 1882~1944은 다음과 같은 말로 관측대를 반드시 보내야 한다고 역설했다.

> "진리에는 국경이 없다. 어느 나라 과학자의 이론이든 옳은 이론을 증명하는 것은 과학자들의 책임이다."

결국 영국은 1919년 5월 10일 개기일식이 관측되

는 브라질 북쪽의 소브랄과 서아프리카의 기네아만에 있는 프린시페 섬으로 관측대를 파견했다. 에딩턴도 프린시페 섬 관측대에 참가했다.

이후 벌어지는 사건은 그야말로 전설적이다. 에딩턴 팀이 일식을 관측한 결과 태양 가장자리를 통과하는 광선은 각도로 1.64초 굴절했다. 앤드류 크로믈린 Andrew Claude de la Cherois Crommelin, 1865~1939이 이끈 소브랄의 탐사대도 1.98초의 거리 차이를 발견했다. 아인슈타인이 예언한 1.75초와 약간의 오차는 있었지만 두 값은 거의 일치했고, 태양의 인력이 광선을 굴절시킨다는 것을 단정하는 데 문제가 없는 수치였다.

11월 6일 영국왕립협회와 왕립천문학회의 합동회의에서 에딩턴은 아인슈타인의 예언이 맞는다고 발표했다. 그의 발표가 있자마자 아인슈타인은 하룻밤 사이에 세계 언론의 찬사를 받는다. 1919년 11월 7일자 『런던타임스』지는 「우주의 구조」라는 제목으로 이렇게 보도했다.

"과학에 일어난 혁명 / 우주에 관한 새 이론 / 뉴턴의 개념을 뒤집다."

다음날에도 『런던타임스』는 「과학의 혁명 / 아인슈타인 대 뉴턴 / 저명한 물리학자들의 견해」라는 제목의 해설 기사를 실었다. 미국의 『뉴욕타임스』는 「천상에서 휘어져 가는 빛: 아인슈타인 이론의 개가」라는 머리기사를 실었다.

아인슈타인의 이론이 물리학자들의 엄밀한 검증을 통과했지만 이를 일반인들이 이해하기에는 어려움이 있다. 이점에 착안해 미국의 과학 잡지 『사이언티픽 아메리칸』은 3000단어만 써서 아인슈타인의 이론을 설명하는 대회를 주관했다.

세계적으로 저명한 과학자가 많이 참여했는데, 상금 5000달러의 우승자는 영국 특허사무국에서 근무하던 린든 볼튼Lyndon Bolton이었다. 아인슈타인도 스위스 특허사무국에서 일했으므로 특허국 직원인 볼튼이 그의 이론을 쉽게 설명한 것은 재미있는 우연이다. 아인슈타인의 이론과 검증으로 인한 충격을 한 언론인은 다음과 같이 적었다.

> "뉴턴의 중력 개념은 200년 이상 아무런 도전을 받지 않고 군림했다. 그러나 아인슈타인의 이론은 발견한 지

4년 이내에 확인되었고 뉴턴의 이론은 폐위되었다."

몇 년 후 아인슈타인이 역사적인 에딩턴의 실험 결과와 관련해 양자물리학의 창시자인 막스 플랑크를 평한 이야기는 전설이 되었다.

아인슈타인 : 플랑크는 내 절친한 친구이며 훌륭한 사람이지만 아시다시피 그는 물리학을 진정으로 이해하지는 못했습니다.

기자 : 무슨 뜻이죠?

아인슈타인 : 1919년 개기일식이 일어날 당시 플랑크는 잠을 못 자고 태양의 중력장으로 빛이 휘는지를 알아보려고 했습니다. 그가 관성 질량과 중력 질량이 같은 것임을 설명하는 일반 상대성 이론을 이해했다면 나처럼 그 역시 편안하게 잠을 잤을 겁니다.

1919년 어떤 학생이 아인슈타인에게 '실험상의 측정이 당신의 이론과 맞지 않으면 어떻게 하겠느냐'고 질문했다. 아인슈타인은 "신에게 유감을 느낄 걸세. 이론에는 틀린 것이 없거든"이라고 대답했다는 것도 당시 한껏 자부심에 찬 아인슈타인의 모습을 보여준다.

당대의 일반인들에게 태양에 의해 빛이 휜다는 것처럼 충격적인 내용은 없었다. 그런데 빛이 휜다는 것이 사실이라면, 어떤 별이 별빛을 모두 끌어당길 정도로 강력한 인력을 가지려면 어느 정도의 질량이 되어야 할까 하는 의문이 들 것이다. 태양은 그다지 큰 천체가 아니므로 빛이 1.74초로 휘지만, 보다 큰 천체라면 빛이 완전히 휘지 않겠느냐는 것이다.

학자들이 이 문제에 도전해 태양과 지름이 같은 별로 질량이 태양의 약 40만 배가 된다면 그런 현상이 일어날 수 있다고 계산했다. 만약 그런 별이 존재한다면, 그 별이 아무리 가까이 있거나 아무리 밝게 빛나더라도 그 별은 당연히 보이지 않는다. 중력이 너무 강해 빛조차 빠져나오지 못하기 때문이다. 우주에서 보면 마치 검은 구멍처럼 보이는 이것을 블랙홀이라 부른다. 아인슈타인의 이론이 블랙홀과 연계된다는 것을 이해할 것이다.

또 다른 검증은 중력 '적색편이赤色偏移'다. 상대성 이론에 따르면, 빛은 중력에서 벗어나면서 에너지를 점점 잃는다. 그렇게 되면 빛의 파장이 길어져 스펙트럼에서

긴 파장인 적색 쪽으로 치우치게 된다. 이 현상을 '중력 적색편이'라고 한다. 중력 적색편이의 정밀 관측은 1960년 하버드대학교 교수들인 로버트 파운드와 글렌 레브카가 수행했다.

그들은 대학 내 건물의 엘리베이터 통로를 활용했다. 22미터 높이의 엘리베이터 바닥에는 고에너지의 감마선 발사 장치를 놓고 천장에는 센서를 장착했다. 그런 다음 감마선을 천장의 센서를 향해 쏘았다. 감마선이 지구 중력장으로부터 22미터 밖으로 나가는 상황인데, 이로 인해 감마선은 1조 분의 2정도로 미세한 에너지를 잃었다.

1964년 어윈 샤피로는 아인슈타인의 중력 이론을 검증하는 또 하나의 방법이 있다는 것을 발견했다. 빛이 중력장을 지나가면 그 속도가 확연히 감소한다는 것이다. 이 현상을 '샤피로의 시간 지연'이라고 한다. 그는 1966년부터 1970년까지 50만 와트의 파동을 발생시키는 송신기와 민감한 수신기를 갖춘 매사추세츠공과대학교MIT의 헤이스탁Haystack 전파망원경을 이용해 이 현상을 확인했다. 지구와 수성 사이의 전파 이동 시간을 측정한 것이다. 그는 지구와 수성 사이의 전파 이

동선이 태양과 가까울수록 전파가 점점 느려진다는 것을 2퍼센트 오차 내에서 확인했다.

샤피로의 시간 지연 현상은 1970년대 캘리포니아 제트추진연구소Jet Propulsion Laboratory의 우주선을 사용한 실험에서도 비슷한 정밀도의 연구 결과를 얻었다. 화성 궤도선인 마리너 6호와 마리너 7호는 물론 화성 착륙선 바이킹도 이를 확인시켜 주었다. 화성이 태양의 먼 쪽에 있을 때 일반 상대성이 요구하는 똑같은 지연 현상이 예언의 0.5퍼센트 오차 이내에서 일어난 것이다. 샤피로는 계속 실험을 주관하면서 다음과 같이 말했다.

> "좋든 나쁘든 태양계는 일반 상대성을 연구하는 데 중요한 연구실이다."

빛이 휘어지는 현상과 관련해 가장 극적인 발견은 '중력렌즈' 효과다. 1937년 아인슈타인이 예언한 것으로, 질량이 큰 물체 주변에서 빛이 휘어지는 현상은 일반 렌즈가 초점을 모으거나 빛의 경로를 변경시키는 효과와 같다는 것이다. 아인슈타인은 지구와 먼 광원 사이에 렌즈와 같은 작용을 하는 질량이 매우 큰 물체가 있다면 광원은 이중으로 보일 것이라고 주장했다.

1979년 데니스 월시Dennis Walsh, 1933~2005는 거대한 망원경으로 아주 먼 곳에 있는 퀘이사* 하나가 실제 두 개로 보인다는 것을 발견했다. 이는 지구와 퀘이사 사이에 있는 전체 은하계가 중력렌즈로 작용한다는 것을 의미한다. 2002년에는 이탈리아가 미국의 나사와 공동으로 토성 탐험선 카시니를 이용해 실험했다. 실험은 카시니호와 지구 사이의 가시선이 태양 바로 옆을 지날 때 실행했는데, 그 결과 샤피로의 시간 지연 현상이 상당한 정밀도로 증명됐다고 발표했다.

2004년 스탠퍼드대학교와 나사가 일반 상대성 이론을 검증하기 위해 발사한 무인 위성 '중력탐사B Gravity Probe B'가 아인슈타인의 이론을 뒷받침하는 결과를 얻었다고 발표했다. 중력탐사B호의 내부에는 완벽한 구형에 가까운 탁구공 크기의 회전체 네 개가 섭씨 0도의 진공 플라스크 속에 들어 있다.

---

* 퀘이사(quasar)는 은하 중심핵의 폭발로 생긴 천체로, 강한 전파를 내는 성운을 말한다. 사진으로는 보통의 별처럼 보이지만 스펙트럼이 붉은 색 쪽으로 치우친 적색편이를 크게 나타낸다.

중력탐사B 위성은 페가수스자리의 'IM 별'을 향해 고정돼 있다. 만약 지구 주위의 시공간이 휘어져 있지 않다면 위성 내부 회전체의 축은 항상 이 별을 향하고 있어야 한다. 2007년 '중력탐사B'가 일반 상대성 이론 가운데 아인슈타인이 제기한 '휜 시공간 현상 또는 측지 현상geodetic effect'의 측정에 도전한 결과 1퍼센트 오차의 정밀도로 확인했다.

볼링공을 물렁물렁한 바닥에 떨어뜨리면 바닥이 움푹 들어가듯, 지구 중력 때문에 주변의 시공간이 휜다. 과학자들은 중력탐사B 위성도 지구와 같은 시공간에 있기 때문에 내부 회전축이 움직일 것으로 예상했다. 예상대로 축이 실제로 이동한 것을 확인했다.

참고로 뉴턴의 만유인력 법칙으로도 광선의 굴절치를 계산할 수 있다. 태양에 의한 광선의 굴절치는 각도로 0.87초로, 이 값은 일반 상대성 이론으로 구한 값의 꼭 2분의 1이다. 그런데 에딩턴의 굴절 실험 외에도 열 개 이상의 다른 실험이 진행되었는데, 모두 뉴턴의 굴절치인 0.87초가 아니라 아인슈타인이 예언한 굴절치인 1.75초를 보여주었다.

질량과 속도

아인슈타인의 상대성 이론 중에서 충격적인 것은 질량과 속도의 연계다. 속도가 빨라지면 질량이 증가한다는 이론에 대한 증명은 1902년, 1906년 발터 카우프만Walter Kaufman, 1871~1947이 행한 실험적 연구로 거슬러 올라간다. 그의 실험은 상대성 이론과 전혀 관계가 없는 상태에서 이루어졌다.

마리 스크워도프스카 퀴리Marie Skłodowska Curie, 1867~1934는 라듐 같은 특정 물질이 다른 형태의 입자 또는 광선 세 종류*를 끊임없이 방출한다고 발표했다. 그러한 물질을 방사성 물질이라고 하는데, 카우프만의 관심을 끈 것은 베타선이다.

베타선의 입자 속도는 광속에 가까웠는데, 특히 속도가 증가하면 그만큼 입자의 질량도 증가했다. 카우프만은 질량이 다른 여러 가지 베타 입자를 측정하면서 동일한 베타선을 구성하는 입자가 여러 가지로 다르다는 사실이 비논리적이라고 생각했다. 그의 생각은 당대

---

* 세 종류의 광선은 방사선으로 알파선, 베타선, 감마선이다. 알파, 베타, 감마라는 이름은 과학자 어니스트 러더퍼드가 붙였다.

물리학자들의 의견을 대변하는 것이라 볼 수 있는데, 이는 원자물리학이라는 분야가 탄생한 직후였기 때문이다. 즉, 당대의 학자들은 모든 물체가 똑같은 소립자로 구성되어 있다고 생각했다.

카우프만은 상이한 질량을 얻은 이유로 다른 물질 속에 있는 입자가 각기 상이한 속도를 가졌기 때문이라고 생각했다. 이런 현상은 특수 상대성 이론을 도입하면, 즉 속도가 다르면 질량이 다르다는 것을 유추할 수 있다. 아인슈타인의 유명한 식에 질량과 입자의 속도를 대입하면 모든 입자의 정지 질량은 같고, 이 질량이 전자의 질량과도 같다는 사실을 파악할 수 있기 때문이다.

또한 카우프만은 각 입자의 전하가 전자의 전하와 동일하다는 것은 베타선이 방사성 물질에서 방출된 빠른 속도의 전자라는 결론을 얻었다. 이 결과는 아인슈타인과는 관계없이 이루어졌지만 결과만 놓고 볼 때 특수 상대성 이론을 최초로 증명한 것으로 인정된다.

1916년 아르놀트 요하네스 빌헬름 조머펠트Arnold Johannes Wilhelm Somerfeld, 1868~1951는 특수 상대성 이론의 질량 증가에 대한 증명에 성공했다고 발표했다. 닐스 보어는 1913년에 발표한 논문에서 원자의 중심에 핵이 있고, 그 주위의 원형 궤도를 전자가 돌고 있다고 설명했다. 그러나 조머펠트는 일반적으로 전자의 궤도는 원이 아니라 타원형이며, 핵을 타원의 초점 중 하나라고 가정하는 것이 더 합리적이라고 주장했다.

아인슈타인의 식을 대입하면, 전자나 행성의 속도가 변하면 질량도 변하므로 속도의 변화가 크면 클수록 질량의 변화도 커진다고 볼 수 있다. 행성은 이 변화가 너무 작기 때문에 발견되지 않는 것이다. 그러나 핵 주위의 궤도를 돌고 있는 전자의 속도는 광속의 100분의 1이므로 상당히 둥근 궤도에서도 속도의 변화와 이로 인해 일어나는 질량의 사소한 변화도 발견할 수 있다.

조머펠트는 질량의 변화가 실제로 나타내는 효과로서, 지구가 태양의 주위를 돌듯이 전자가 핵 주위를 몇 번이나 똑같은 타원 궤도를 계속 도는 것이 아니라, 타원 그 자체가 조금씩 회전하고 있다고 주장했다. 그는 타원 궤도의 회전을 수학적으로 나타냈으며, 이를 장미꽃형 궤도라고 부른다. 특수 상대성 이론에 따르면 궤도가 타원일 경우 전자의 질량이 '변하지 않는다'는 것을 시사하며, 장미꽃형은 질량이 변하는 것을 의미한다.

여기에서 타원의 축은 세차歲差 운동을 한다고 볼 수

있다. 세차 운동이란 회전 운동을 하는 물체의 회전축이 움직이지 않는 축의 둘레를 회전하는 현상을 말한다. 그런데 1916년 루이스 카를 하인리히 프리드리히 파셴Louis Karl Heinrich Friedrich Paschen, 1865~1947에 따르면, 전자의 궤도는 장미꽃형으로 특수 상대성 이론에서 예상한 질량 증가의 효과가 있었다.

1952년 미국의 브룩헤이븐 국립연구소는 '양자(수소의 원자핵)'를 초속 28만 5000킬로미터, 즉 광속의 약 0.95배까지 가속시키는 데 성공했다. 양자를 가속시킨 결과 양자의 질량은 본래 질량보다 약 세 배까지 증가했다. 같은 해 캘리포니아공과대학교에서는 전자(양자의 약 0.0005배의 질량을 가진 음전하의 입자)를 광속에서 1.6킬로미터 모자라는 고속으로 약 0.99999c(광속)까지 가속시키는 데 성공했다. 가속 후 질량은 본래 질량의 900배로 증가했다.

광속 불변

아인슈타인의 이론은 기본적으로 광속이 변하지 않는

다는 것에 기초를 두었다. 광속으로 움직이는 물체의 속력은 더해지거나 줄어드는 것이 아니라 항상 같다는 말이다. 이는 광속에 이르면 물체가 발사하는 속력에 광속이 전혀 영향을 받지 않는다는 것을 의미한다.

아인슈타인의 이 논문이야말로 수많은 지구인을 좌절시킨 결정적인 주제이다. 현재의 우주 공간에서 빛의 속도를 넘는 것은 어떤 경우라도 불가능하다는 뜻으로, 우주의 수많은 분야에 족쇄를 채웠다. 아인슈타인의 이 결정적인 지적으로 수많은 아이디어가 싹도 트지 못하고 폐기되었음은 물론이다.

그의 이 단언은 아직도 수많은 검증에서 '참'이라고 증빙되고 있다. 특히 지구에서 16만 광년 떨어진 마젤란 대성운에서 폭발한 초신성*의 빛이 1987년 2월 마침내 지구에 도착하면서 아인슈타인의 족쇄가 건재함을 보여주었다. 초신성에서 나온 광속으로 움직이면서 질량을 갖지 않는 소립자인 중성미자中性微子, neutrino가 지구에 도착했기 때문이다.

중성미자는 우주 탄생 당시 있었던 기본 입자 중 하

---

* 초신성이란 별이 죽어가면서 핵융합을 일으키며 매우 밝게 폭발하는 현상을 말한다. 이때의 밝기는 태양의 억 배, 수천억 배에 이르기도 한다.

나다. 그러나 질량이 거의 없고 다른 물질과 반응하지 않아 실체를 알 수 없는 '유령 입자' 또는 '가장 기이한 입자'로 불린다. 마치 바람이 그물망을 빠져나가듯 벽과 행성을 자유롭게 통과하며, 세 개의 다른 종이 서로 변환되는 특징을 갖는다.

아인슈타인의 이론에 따르면, 중성미자 또한 자신을 방출한 물체의 속도에 관계없이 똑같은 속력으로 움직여야 한다. 이것은 중성미자의 속도가 중성미자를 방출하는 물체의 속력에 영향을 받지 않는다면, 폭발하는 별의 어느 부분에서 나왔든 상관없이 중성미자는 모두 같은 시간에 지구에 도착해야 한다는 것을 뜻한다.

천문학자들은 이 초신성에서 방출된 중성미자를 열아홉 개 검출했는데, 모두 12초의 시간 간격 안에 도착했다. 이 중성미자는 광속으로 16만 년, 시간으로는 무려 5조 초 동안이나 날아왔다. 그렇게 오랜 세월을 날아왔는데도 단지 12초밖에 차이가 나지 않는다는 것은 아인슈타인의 가정이 1000억 분의 1 범위 내에서 정확하다는 뜻이다. 이는 빛의 속도 29만 9784.25킬로미터에 비해 변하는 폭이 0.25센티미터 미만임을 나타낸다. 아인슈타인의 이론이 처음 발표된 이래 실시된 여러 실험 중에서 가장 엄격한 실험을 또 다시 통과하면서 상대성 이론은 부동의 이론이 되었다. 물체는 어떠한 일이 있더라도 광속 이상으로는 달릴 수 없다는 것이다.

이와 같은 내용이 인정된 것은 물론 중성미자 검출 방법이 제시되었기 때문이다. 원래 화학자였던 미국인 레이먼드 데이비스Raymond Davis, Jr., 1914~2006는 1964년부터 중성미자를 실험적으로 검증하는 대장정에 들어갔다. 그는 염화탄소 액체(세탁 비눗물) 속 염소에 중성미자가 충돌하면 방사선을 방출하는 아르곤으로 변한다는 점에 착안했다. 데이비스는 미국 사우스다코타주의 홈스테이크 폐금광 속에 615톤의 염화탄소가 들어가는 통을 장치해 아르곤을 검출하기 시작했다.

사실 매초 지구상에 쏟아지는 중성미자는 1조 개의 1조 배의 1만 배나 된다. 거의 모두 지구는 물론 그 위에 살고 있는 모든 생명체를 아무 일 없이 통과한다. 지구에 도달하는 중성미자의 대부분은 태양의 내부에서 일어나는 핵분열 반응에서 쏟아지는 것이다. 하지만 이를 검출하려면 다른 복사의 방해를 받지 않아야 하므로 폐광 속에 엄청난 시설을 건설한 것이다. 이론적 계산으로는 하루에 두 개의 아르곤이 검출되어야 하는데, 데이비스는 1990년대까지 30년 동안 평균 이틀에 한 개 정도를 검출할 수 있었다.

비록 이론과 실험의 차이가 있었지만 데이비스의 실험을 통해 지구 외부, 특히 태양의 내부에서 발생된 중성미자를 처음으로 관측했다. 이것이 바로 중성미자 망원경의 시초이며, 인류가 천체 내부를 들여다볼 수 있는 새로운 길을 열었다고 평가받는다.

2009년 뉴턴의 고전 물리학에 아인슈타인의 강펀치가 다시 날아들었다. 미국 항공우주국NASA이 '페르미 감마선 우주망원경'으로 73억 광년을 날아온 감마선 빛을 관측했다. 나사는 빛의 속도가 에너지나 파장과 관련 없이 항상 일정하다고 보았던 아인슈타인의 이론이 여전히 유효하다고 밝혔다. 아인슈타인의 이론은 근본적으로 광속 불변의 법칙에 의지한다.

그런데 물리학자들이 양자론과 상대성 이론을 통합한 '만물의 이론'을 만들었다. 이에 따라 미시의 양자 세계에선 시공간의 진공에서 '양자 요동'이 일어나며, 고에너지와 만날 때 상호작용을 일으키기 때문에 빛의 에너지가 클수록 빛 속도가 느려진다는 예측을 내놓았다. 간단하게 설명하면, 바다를 멀리서 보면 평탄하지만 가까이에서 보면 물거품을 일으키며 요동하는 것처럼 양자 세계에서도 시공간이 요동한다는 것이다.

다시 말해 아인슈타인의 이론에서는 에너지와 파장에 관계없이 빛 속도가 일정하지만, 양자 중력 이론에서는 빛 속도가 양자 요동의 영향을 받는다는 것이다. 이 가설은 뉴턴의 이론을 아인슈타인이 교정해준 것처럼 아인슈타인 이론도 교정될 수 있음을 의미했는데, 결론은 아인슈타인의 광속 불변의 법칙이 여전히 유효하다는 설명이다.

페르미 감마선 우주망원경은 73억 광년 떨어진 곳에서 두 중성자별의 충돌로 생긴 엄청난 에너지의 감마선 입자들을 포착했다. 포착된 감마선 입자 하나는 다른 것에 비해 무려 100만 배가량 큰 에너지를 지니고 있었다. 그러므로 아인슈타인에게 도전한 새로운 양자 중력 이론에 따르면, 두 입자의 도착 시각이 최소한 몇 분 정도 달라야 했다. 하지만 결과는 0.9초 차이에 불과했다.

김상표 교수는 무려 73억 광년이나 날아오는 동안 빛이 불과 0.9초 차이만을 나타냈다면 이는 사실상 에너지 차이가 빛 속도에 영향을 끼친다는 양자 이론의 일부 예측이 틀렸음을 뜻한다고 설명했다. 또 한 번 아인슈타인의 이론이 난공불락의 영역이 된 것이다.

거대한 질량의 해방

$E=mc^2$처럼 간략하고도 명쾌한 방정식은 거의 없을 것이다. 질량에 광속을 두 번 곱하면 에너지가 된다는 것이다.

에너지=물질의 질량×광속의 제곱

이 공식이 뜻하는 것은 우리 눈에 보이지 않는 에너지가 눈에 보이는 물질 속에 들어 있다는 것이다. 아인슈타인은 논리적인 방법으로 물질이 에너지와 얼마나 같은지를 간단명료한 식으로 표현했다.

이 공식을 증명, 즉 실험하기 위해서는 우선 어느 특별한 핵의 질량을 정확히 측정한 다음 그것을 파괴해서 방출된 결합 에너지와 각 단편의 질량을 측정하면 된다. 1932년 영국의 존 더글러스 콕크로프트John

Douglas Cockroft, 1897~1967와 어니스트 토머스 신턴 월턴 Ernest Thomas Sinton Walton, 1903~1995이 이 실험에 성공했다고 발표했다. 그들이 리튬의 원자핵에 양자를 충돌시키자 리튬의 원자핵은 두 개로 분열되었다. 상당한 양의 에너지가 방출되고 두 개로 분열된 단편의 질량 합계는 핵의 원래 질량에 비해 예상대로 줄었다는 것이다.

그들은 또 핵분열 과정에서 방출되는 에너지 양을 측정했다. 측정된 양은 아인슈타인이 예언한 공식과 일치했다. 즉, 질량과 에너지가 같았다. 아인슈타인의 특수 상대성 이론이 발표된 지 27년이 지난 후에 비로소 실증된 것이다.

콕크로프트와 월턴이 아인슈타인 가설의 검증에 성공한 것은 고압 전원을 사용해 인공적으로 가속한 '양자선陽子線'을 만들 수 있었기 때문이다. 이들의 연구는 원자핵물리학 연구에 중대한 의미를 주는 업적으로, 1951년 공동으로 노벨 물리학상을 수상했다. 이들이 토대가 되어 핵분열에 성공하고, 1945년 7월 16일 뉴멕시코 아라모골드에서 최초의 원자폭탄이 성공했다. 아인슈타인의 이론이 실증으로도 증명된 것이다.

만화와 영화에서 큰 인기를 끌었던 〈스파이더맨〉

시리즈 2편에서 옥터퍼스 박사가 무한 에너지를 얻을 기술을 개발했으므로 에너지 문제는 해결되었다고 장담하며 회심의 역작을 선보인다. 그가 보여준 것은 거대한 핵융합로로, 이를 통해 핵융합 에너지를 만들 수 있다는 것이다. 문제는 옥터퍼스가 이를 이용해 전 세계를 장악하겠다는 야심을 드러냈다는 것인데, 그의 말대로라면 세계를 석권하는 일이 어렵지 않을 것이다.

물론 영화의 속성상 우리의 주인공 스파이더맨이 나타나 박사의 계획을 극적으로 멈추게 한다. 인류는 위기에서 벗어나지만 이때 옥터퍼스가 보여주는 비장의 무기가 바로 태양처럼 이글이글거린다. 논리적으로만 보면 핵융합을 통한 인공 태양이다.

인공 태양의 기본 원리는 1952년 11월 1일 태평양의 마셜 군도에서 수소폭탄이 폭발하면서 증명되었다. 수소폭탄 역시 아인슈타인의 특수 상대성 이론을 그 원리로 채용하고 있다. 다만 수소폭탄은 원자폭탄을 역으로 만들었다. 즉, 원자폭탄과는 달리 두 개 이상의 가벼운 핵을 결합시켜 무거운 핵을 만들고, 결합 순간에 그 핵의 결합 에너지를 방출시키는 것이다. 이를 '핵융합'이라고 한다.

질량이 에너지로 변환하고 있는 실체는 태양이다. 원래 태양은 석탄(혹은 그것과 비슷한 물질)으로 이루어져 있다고 생각했다. 태양을 실제 질량으로 계산하면 태양은 200~300년 사이에 모두 연소해버려야 했다. 그러나 현실에서 태양은 수십 억 년 이상 오래 타고 있다.

태양의 비밀을 각각 독립적으로 연구하고 있던 한스 알브레히트 베테Hans Albrecht Bethe, 1906~2005와 카를 프리드리히 폰 바이츠제커Carl Friedrich von Weizsäcker, 1912~2007는 핵반응에 관한 방정식을 발표했다. 태양의 핵융합은 연쇄반응이므로 수소핵 네 개(양자 네 개)가 하나의 헬륨핵(양자 두 개와 중성자 두 개)을 이루고 있었다.

이들은 아인슈타인의 공식을 사용해 태양의 질량 전체에 대한 에너지 방출 비율을 계산한 후 우리가 태양에서 받고 있는 방사선의 양을 측정해서 비교했다. 계산한 값과 측정한 값이 완전히 일치했다. 에너지와 질량의 등가성等價性이 또 다시 증명된 것이다. 베테는 「핵반응 이론에 관한 공헌과 특히 항성의 에너지원에 관한 연구」로 1967년 노벨 물리학상을 수상했다.

아인슈타인의 상대성 이론은 예술에도 큰 영향을 미쳤다. 화가 살바도르 달리Salvador Domingo Felipe Jacinto

Dalí i Domènech, 1904~1989의 그림 〈기억의 지속〉을 보면 죽은 시계가 죽은 해변에 널려 있다. 시간이 정지한 것이다. 이 때문에 그림 제목처럼 기억이 각인돼 변하지 않는다. 어떻게 시간이 정지할 수 있는지는 아인슈타인의 상대성 이론으로 잘 알려졌다. 빛의 속도로 달리면 시간이 멈추고 길이가 없어진다.

이런 물리학 개념은 미술에도 많은 영향을 줬다. 달리가 상대성 이론을 정확히 이해하지는 않았겠지만, 달리가 살았던 시대는 상대성 이론이 과학계에 혁명을 일으키던 때였다. 젊은 사람들은 상대성 이론에서 나온 새로운 우주관과 시공에 대한 개념을 흥미로워했다. 이런 분위기는 달리와 같은 화가들에게도 사고의 전환을 일으켰다.

르네 마그리트René François Ghislain Magritte, 1898~1967의 그림 〈유리의 집〉도 마찬가지다. 이 그림을 보면 두께(길이)가 없어지고 뒷모습이 앞에서 보여 얼굴과 뒷머리가 하나로 합쳐져 있다. 이 그림에서도 상대성 이론에 의한 길이 수축 원리가 강하게 투영돼 있다. 실제로 컴퓨터 시뮬레이션을 통해 기차가 빛의 속도의 3분의 2 수준으로 달리면 기차가 정지할 때보다 짧게 보인다. 만약 모든 물체가 빛의 속도로 달린다면 긴 물체는 길이가 없어지고 맨 앞과 뒤가 붙은 평면으로 보인다.

상대성 이론의 영향은 파블로 피카소Pablo Ruiz Picasso, 1881~1973 등 입체파 화가들에게 가장 많이 나타난다. 피카소는 1907년 여름 프랑스 파리에서 〈아비뇽의 아가씨들〉을 완성했다. 아인슈타인이 상대성 이론을 인정받을 때까지 긴 시간이 필요했듯 피카소의 그림도 1920년대 초에 가서야 걸작으로 인정받았다.

〈아비뇽의 처녀들〉을 보면 피카소는 사각의 큐빅 모양으로 입체감을 표시했다. 피카소는 한쪽 면에서만 대상을 보고 그림을 그린 것이 아니라 여러 방향에서 본 모습을 하나의 평면에 합쳤다. 아인슈타인이 3차원 공간에 시간이라는 새로운 차원을 더해 4차원 시공간 개념을 만들었듯, 피카소는 새로운 차원을 첨가해 그림을 그린 것이다.

피카소가 아인슈타인에게 상대성 이론을 배운 것은 아니다. 그러나 아인슈타인에게 상대성 이론의 영감을 준 한 과학자가 피카소에게도 영향을 주었다. 아인슈타인과 피카소는 비유하자면 같은 정신적 스승을 둔 사이라고 할 수도 있다. 그 스승이 바로 프랑스의 최고 과학자로 불리던 쥘 앙리 프앵카레Jules Henri Poincaré, 1854~1912다.

피카소는 파리의 카페에서 후대에 '피카소 패거리'로 불리는 사람들과 과학과 철학에 대해 이야기하곤 했다. 피카소는 어느 날 그들로부터 앙리 푸앵카레가 쓴 『과학과 가설』에서 다룬 비유클리드 기하학과 4차원에 대한 이야기를 들었다고 한다. 아인슈타인 역시 『과학과 가설』의 독일어 번역판을 읽었다.

『아인슈타인, 피카소』라는 책을 쓴 런던칼리지대학교 과학철학과 교수 아서 밀러에 따르면, '눈에 보이는 것은 거짓'이라는 사실을 아인슈타인은 물리학에서 깨달았고, 피카소는 화폭 위에서 깨달은 것이다. 당시 화가들은 4차원을 3차원에서 표현하려고 했다. 달리의 그림 중 〈고차원 십자가의 예수 그리스도〉를 보면 십자가의 모양이 매우 입체적이다. 이는 4차원 십자가를 3차원에서 펼친 모습을 뜻한다.

참고문헌

김제완, 「[과학 이야기] 생활 주변에 살아 있는 아인슈타인」, 『뉴스메이커』, 2007년 11월 22일.

박석재, 「우주는 모든 물질이 한 점에 모여 일으킨 대폭발의 결과」, 『신동아』 2004년 신년호 특별부록.

박석재, 「파란만장한 블랙홀 자서전」, 『과학동아』, 1997년 5월호.

박진희, 「블랙홀 둘러싼 거장과 신인의 싸움」, 『과학동아』, 2004년 9월호.

이영완, 「사이언스지 선정 '올해의 10대 과학 뉴스'」, 『조선일보』, 2004년 12월 16일.

최영준, 「중력파-100년 만에 증명된 아인슈타인의 예언」, 『과학동아』, 2016년 3월 21일.

「21세기판 상대성 이론 입문」, 『뉴턴』, 2004년 4월호.

「블랙홀 관측 성공, "모든 걸 빨아들여" 영화 인터스텔라 속 모습과…」, 『수원일보』, 2019년 4월 11일.

「퀘이사」, 나무위키.

수 넬슨 · 리처드 홀링엄, 이충호 옮김, 『판타스틱 사이언스』, 웅진닷컴, 2005.

정갑수, 『물리법칙으로 이루어진 세상』, 양문, 2007.

존 판던 · 앤 루니 · 알렉스 울프 · 리즈 고걸리, 김옥진 옮김, 『열정의 과학자들』, 아이세움, 2010.

한국과학문화재단, 『교양으로 읽는 과학의 모든 것』, 미래인, 2006.

여섯 개의 노벨상

노벨상을 안겨준 아인슈타인의 이론들

아인슈타인의 상대성 이론은 곧바로 물리학자들의 주목을 끌어 1908년부터 계속 노벨 물리학상 후보자로 추천되었다. 그러나 당시 스웨덴의 물리학계는 실험을 통한 검증을 강조했기 때문에 절대적인 확증 없이 상대성 이론으로 노벨상을 수여할 수 없다는 주장을 견지했다.

상대성 이론은 그때까지 인간이 품고 있던 시간과 공간의 개념을 근본적으로 수정해야 하는 대변혁을 강요했고 엄청난 파장을 야기했다. 하지만 아인슈타인의 상대성 이론을 검증하기란 쉬운 일이 아니었다.

아인슈타인이 워낙 여러 가지 독창적인 이론을 도출했기 때문에, 그의 이론으로 몇 개의 노벨상을 받았을지 많은 사람이 궁금해한다. 머리말에서 말한 것처럼 학자들은 아인슈타인이 2020년, 즉 140세까지 살았다면 적어도 여섯 개의 노벨상을 받았을 것으로 추정한다.

광전자 이론(2021년)

아인슈타인은 1910년부터 1920년까지 1911년과 1915년을 제외하고 노벨상 추천을 계속 받았지만 계속 탈락했다. 아인슈타인이 거듭 탈락하자 학자들도 노벨위원회에 곱지 않은 시선을 보내기 시작했다. 아인슈타인을 제외하고 노벨상을 받을 과학자가 과연 누구냐는 지적까지 있었다. 드디어 노벨위원회에서도 아인슈타인에게 노벨상을 수여하는 것을 적극 검토하기 시작했다.

1919년에는 1905년에 아인슈타인이 발표해서 분자가 실제로 존재한다는 것을 최초로 직접 증명한 브라운 운동에 관한 논문으로 상을 주자는 논의도 있었지만 탈락했다. 1919년에는 중력에 의해 빛의 경로가 휜다는 유명한 실험으로 아인슈타인의 이론이 정확하다고 확인되었지만, 1920년 심사위원회 역시 상대성 이론으로 노벨상을 수여하는 것을 거부했다.

1920년 노벨상 수상자 명단에서도 아인슈타인의 이름이 제외되자 노벨상 자체에 대한 권위마저 실추될 정도였다. 결국 노벨위원회에서도 계속 그의 수상을 미룰 수 없었다. 드디어 1921년 심사위원회에서는 1915년 미국의 로버트 앤드루스 밀리컨Robert Andrews Millikan, 1868~1953이 실험적으로 검증 완료한 아인슈타인의 광전 효과를 수상 대상 연구로 선정했다.

앞에서 설명했지만 광전 효과는 결코 상대성 이론에 뒤지지 않는다. TV, 컴퓨터, 태양전지, 자동문, 에스컬레이터, 광통신이나 리모컨의 수신부, 광센서 등에 사용하는 광다이오드와 디지털카메라, 캠코더에 사용하는 DDD 칩 등 현대 문명의 이기들이 모두 광전 효과에 그 기반을 두고 있기 때문이다. 사실 아인슈타인은 광전자로 상당히 빠른 시기에 노벨상을 수상할 수 있었겠지만, 워낙 상대성 이론으로 널리 알려졌기 때문에 노벨상 수상 자체가 늦어졌다고 볼 수 있다.

상대성 이론 100주년 기념 주화.

상대성 이론(1961년)

아인슈타인의 간판은 상대성 이론이다. 아인슈타인이 상대성 이론을 발표한 이후 이를 검증해야 한다는 요구가 봇물같이 이어졌다. 하지만 검증할 방법이 문제였다. 우여곡절을 거쳐 1919년 케임브리지대학교 천문학 교수 아서 에딩턴이 실험을 통해 빛의 휘어짐을 확인했다. 아인슈타인의 상대성 이론이 '참'이라는 것을 알려준 것이다. 하지만 에딩턴의 실험은 자연에 실재하는 거대 천체를 대상으로 한 것이다.

과학자들은 실험 방법이 정밀해진다면 실험실 안에서 아인슈타인의 이론을 검증할 수 있다고 믿었다. 물론 그의 이론을 실험실 안에서 검증한다는 것은 말처럼 쉬운 일이 아니다. 여기에 도전해서 성공한 사람이 독일의 물리학자 루돌프 루트비히 뫼스바우어Rudolf Ludwig Mössbauer, 1929~2011다.

대개 원자는 감마선을 방출하면서 반동을 받고, 이 반동으로 파장의 스펙트럼 띠가 넓어진다. 그러나 어떤 특정 조건 아래서는 결정 덩어리 전체가 하나의 원자처럼 행동해서, 반동이 생겨도 그 충격이 모든 원자에 골고루 퍼진다. 반동이 흡수되는 것이다. 이렇게 반동이 흡수된 채 방출되는 감마선은 아주 가늘고 한정적인 스펙트럼 선을 가지게 된다. 그러나 이 한정적인 파장의 감마선은 원래의 결정과 같은 조건에서는 거의 완벽하게 흡수되지만, 그 결정의 조건이 조금이라도 다르면 흡수되지 않는다. 이러한 현상을 '뫼스바우어 효과'라고 한다.

뫼스바우어 효과는 파장이 10분의 1 정도 차이가 나는 감마선도 검출할 수 있다. 건물 꼭대기와 마룻바닥 사이의 중력 차이로도 파장의 변화를 감지할 수 있다는 뜻이다. 이 실험은 아인슈타인의 이론을 공고히 하는 가장 중요한 것으로 평가받는다. 뫼스바우어는 1961년 노벨 물리학상을 받았다. 이때까지 아인슈타인이 살아 있었다면 노벨 물리학상을 두 번째로 수상했겠지만, 그는 1955년에 사망했기 때문에 수상 자격이 없었다.[1)]

세슘 시계의 세계 일주

아인슈타인의 이론을 검증하기가 어렵다는 것은 잘 알려져 있지만, 바로 그 때문에 검증에 도전하는 과학자가 줄을 이었다. 그중에서 잘 알려진 것이 조지프 칼 하펠Joseph Carl Hafele, 1933~2014의 세슘시계 세계일주다.

1971년 워싱턴대학교 교수 조지프 하펠과 미국 해군 천문대의 리처드 키딩Richard E. Keating, 1941~2006은 60킬로그램짜리 원자시계 네 개를 가지고 세계일주 여객기에 탑승했다. 원자시계는 사람 크기이므로 좌석을 하나씩 차지하면서 표를 따로 끊었는데, 비행기 표에 적힌 탑승자의 이름은 '미스터 시계Mr. Clock'였다.

이들이 당시 세계에서 가장 정확하다는 세슘시계를 비행기에 탑승시킨 것은 아인슈타인의 상대성 이론을 검증하기 위해서다. 아인슈타인은 절대시간이란 개념을 완전히 폐기했는데, 간단하게 말해 시간은 어느 곳에서나 똑같지 않으며 시간의 흐름은 물체가 움직이는 속도에 따라 달라진다는 것이다. 더 빨리 움직이는 사람에게는 시간이 더 천천히 흐른다는 것이다.

이 내용은 사실 각 개인이 자각하는 시간이 아니라

물리적 차원의 시간을 뜻한다. 아주 빨리 움직이는 사람에게는 시계가 천천히 가고 물이 천천히 끓으며 체스 시합도 오래 걸린다. 그러나 그런 변화를 자신은 눈치 채지 못한다. 왜냐하면 그가 지각하는 시간 역시 천천히 가기 때문이다. 다시 말해 그는 상대적으로 천천히 늙는다. 이를 잘 보여주는 널리 알려진 이야기가 있다. 쌍둥이 가운데 한 명이 로켓을 타고 여행을 떠났다가 되돌아와서 형제를 만난다면 지구에 남아 있던 형제는 훨씬 늙어 있는 것이다.

그러나 아인슈타인의 말이 옳더라도 이를 일상생활에서 증명할 수 없다는 것은 상식이나 마찬가지였다. 그 효과를 측정하기 위해서는 초속 30만 킬로미터 정도의 엄청난 속도로 여행하거나 상상할 수 없는 엄밀한 시계를 사용해야 했기 때문이다.

1970년 미국 항공사들이 세계여행 상품을 내놓자 조지프 하펠은 아인슈타인이 예견한 효과를 검증하기 위해 항공사에 비행기 안에 시계를 싣고 갈 수 있느냐고 질문했다. 그가 제시한 방법은 간단하다. 비행기를 타기 전에 여행을 함께할 시계와 지상에 남아 있는 시계의 시각을 맞춰두고 비행기 여행을 한 후 시계를 비교하는 것이다. 아인슈타인이 옳다면 더 빨리 움직였던 시계가 명백히 더 천천히 가고 있어야 했다. 하펠 박사는 그 차이를 10억 분의 몇 초라고 계산했다. 하펠이 계산한 시간 차이를 측정하려면 원자시계가 필요한데, 해군 천문대 시보(時報)부에 근무하는 리처드 키팅이 바로 원자시계를 다루고 있었다.

두 사람은 서쪽에서 동쪽, 4일 후에는 정반대로 동쪽에서 서쪽으로 세계를 돌았다. 첫 번째는 총 65시간으로 워싱턴에서 런던을 거쳐 프랑크푸르트, 이스탄불, 베이루트, 테헤란, 델리, 방콕, 홍콩, 도쿄, 호놀룰루, 로스앤젤레스와 댈러스를 거쳐 워싱턴으로 돌아오는 것이다.

그들은 여행을 마치고 정밀한 계산을 통해 비행기에 실었던 시계가 10억 분의 17에서 10억 분의 63초 늦게 가야 한다는 결론을 내렸다. 실제로 확인한 결과 비행기의 시계는 10억 분의 59초 늦었다.

비행기가 동쪽에서 서쪽으로 여행했을 때는 정반대의 결과가 나왔다. 이번에는 워싱턴에 있는 시계가 비행기의 시계보다 10억 분의 273초 늦게 갔다. 언뜻 보기에 이상하게 생각되지만 지상에 있던 시계는 지구와 함께 자전하므로 지구의 회전 방향과 반대로 비행하는 비행기보다 훨씬 빨리 움직이는 결과가 되기 때문이다.

이 실험은 지구인들에게 그야말로 엄청난 반향을 얻었다. 그동안 아인슈타인의 상대성 이론은 여러 가지로 검증되었지만, 하펠의 검증은 전문가가 아니라 문외한들도 이해할 수 있는 실험이었기 때문이다. 하펠의 실험 결과를 듣고 스티븐 호킹은 다음과 같이 말했다.

"오래 살고 싶으면 지구의 자전 속도에 비행기의 속도를 더할 수 있도록 동쪽으로만 여행하기 바란다."

호킹의 계산에 따르면 하펠과 키딩이 적어도 10억 분의 몇백 초 정도 더 살았다는 것을 의미한다. 호킹은 좋은 분위기를 깨는 데에도 주저하지 않았다.

"하지만 기내식은 당신이 벌게 될 그 아주 작은 시간을 상쇄하고도 남을 것이다."[2)]

레이저와 메이저(1964년)

인류 문명이 탄생한 이후 과학자 집단은 모든 분야에서 인류 문명을 새롭게 만드는 데 열중했다. 그러나 아이러니컬하게도 그들이 최고의 기술을 동원한 것은 군사무기 분야이다.

전쟁에 패배했을 때의 비참한 생활을 생각한다면 과학자들이 전쟁무기 개발에 참여한 것은 이해할 수 있는 일이다. 유명한 로마와 카르타고 전투에서 패배한 카르타고인들은 단 한 명도 예외 없이 모두 노예로 팔려 갔다. 징기스칸은 한 전투에서 자신의 아들을 죽게 했다는 것을 빌미로 50여만 명에 달하는 주민을 모두 학살했다.

제1차 세계대전 이전의 군사무기는 고작해야 총과 대포 같은 원시 무기로 기상 조건과 지휘관의 통찰력, 군사의 숫자와 사기만으로도 전쟁의 승패를 결정지을 수 있었다. 그러나 제1차 세계대전 중에 비행기와 탱크가 등장하고, 곧이어 발발한 제2차 세계대전에서 최첨단 탱크, 항공모함, 잠수함은 물론 고성능 전투기가 개발되면서 전쟁의 형태는 바뀌기 시작했다. 특히 제2차 세계대전 중에 등장한 무전기와 레이더, 원자폭탄 등은 전쟁의 형태를 근본적으로 바꿔놓았다.

학자들은 이들 무기의 개발로 전쟁이 단시간 내에 끝날 수 있었다고 생각했다. 사실 많은 군인과 정치가는 제2차 세계대전이 적어도 5~10년은 더 지속되리라 생각했다. 그렇지만 대량 살상무기의 등장은 더 이상 전쟁을 계속할 수 없게 만들었다.

전쟁이 끝나자 과학자들은 연구의 시각을 평화로운 분야로 돌리기 시작했다. 핵무기를 개발했던 학자들은 입자물리학 분야로 연구 방향을 돌렸으며, 레이더를 개발하던 학자들은 원거리 통신 및 천체물리학을 연구하기 시작했다.

이때 마이크로파를 연구하던 학자들 중에 한 명이 두 세계대전의 모든 발명에 버금갈 만한 획기적인 이론을 내놓는다. 그가 바로 미국의 물리학자 찰스 하드 타운스Charles Hard Townes, 1915~2015다. 타운스가 캘리포니아공과대학교를 졸업하던 1939년은 대공황의 후유증이 아직 남아 있는 상태여서 물리학 박사학위로는 직장을 얻을 수 없었다. 그는 대학에서 강의하길 바랐지만, 결국 유명한 벨전화연구소의 문을 두드린다.

그곳에서 그는 항법 장치와 폭격에 이용할 장치, 즉 레이더를 연구하라는 주문을 받았다. 타운스는 추후에 이 임무가 마음에 들지 않았다고 술회했지만, 결론은 그에게 불후의 명성을 안겨주는 임무가 된다. 그가 수행한 업무는 전자공학이었고 마이크로파였는데, 그것이 바로 레이저 개발로 이어지기 때문이다.

레이더의 기본 원리는 비교적 간단하다. 레이더 장치는 특정 파장의 무선 신호를 퍼뜨리는데, 이들 신호가 전함이나 비행기 같은 물체에 부딪혀 반사되면 이를 파악해 그 물체가 어디에 있는지를 식별하는 것이다. 이때 신호의 파장이 짧을수록 수신된 정보가 더 정확하다.

타운스가 연구하던 레이더 항법 폭격 장치는 10센티미터부터 3센티미터 파장을 사용했는데, 군에서는 0.25센티미터의 파장을 원했다. 또한 비행기에서도 사용할 수 있는 소형 안테나도 주문했는데, 이 정도의 파장에서는 기체 분자가 파동을 흡수할 수 있었다. 즉, 대기 중의 수증기(안개, 비, 구름)가 레이더의 작동을 방해할 수 있다는 것이다.

타운스는 제2차 세계대전이 끝날 때까지 수증기의 파동 흡수 문제를 해결하지 못하고, 전쟁이 끝나자 벨

전화연구소에서 컬럼비아대학교로 갔다. 그곳에서도 타운스는 전쟁 중에 해결하지 못한 문제에 계속 매달렸는데, 어느 날 아이디어가 떠올랐다. 그동안 그는 전자회로를 이용해왔는데, 그 방법에서 벗어나 분자 자체를 조작하는 것이다.

이제 문제는 분자를 조작하는 방법을 알아내는 것이다. 타운스는 암모니아 분자들을 높은 에너지 준위로 격리시킨 다음, 적절한 크기의 극초단파 광자로 충격을 주는 데 성공했다. 입사*된 광자는 많지 않았지만, 강력한 광자가 나왔다. 입사된 복사가 아주 크게 증폭된 것이다. 즉, 고에너지 복사선 빔을 만든 것이다.

1953년 12월 타운스는 어느 방향으로든 강력한 마이크로파를 생성할 수 있는 장치를 만드는 데 성공했다. 그는 이 과정을 '자극 받은 분자의 복사에 의한 극초단파의 증폭'이라는 영어의 약자인 '메이저MASER: Microwave Amplification by Stimulated Emission of Radiation'라고 불렀다.

이론은 아주 간단하다. 암모니아 분자가 극초단파

* 입사란 하나의 매질(매개체) 속을 지나가는 소리나 빛의 파동이 다른 매질의 경계면에 이르는 것을 말한다.

의 복사에 노출되면 두 가지 변화가 일어난다. 첫째는 낮은 에너지 준위에서 높은 에너지 준위로 올라가는 것이고, 다른 하나는 그 반대이다. 보통은 에너지 준위가 올라가는 과정이 훨씬 많이 일어난다. 그러나 모든 암모니아 분자를 높은 에너지 준위에 있게 한다면 낮은 에너지 준위로 떨어지는 과정이 많이 일어난다.

이때 극초단파의 복사가 광자 한 개를 제공하면 암모니아 분자 한 개가 낮은 에너지 준위로 떨어지는데, 이와 동시에 암모니아 분자에서 전자 하나가 방출된다. 즉, 최초의 전자와 분자에서 방출된 전자, 이렇게 전자 두 개가 있게 된다. 다시 전자 두 개는 암모니아 분자 두 개를 흔들고 전자 두 개가 방출된다. 다음에는 전자 네 개가 방출되는 등 연쇄작용이 일어난다. 처음에 입사된 전자 한 개가 같은 크기를 갖고 같은 방향으로 행동하는 전자의 폭발적인 이동이 일어나는 것이다.

타운스는 구소련의 니콜라이 겐나디예비치 바소프 Nikolai Gennadievich Basov, 1922~2001, 알렉산드르 미하일로비치 프로호로프 Alexander Mikhailovich Prokhorov, 1916~2002와 공동으로 1964년 노벨 물리학상을 받았다. 바소프와 프로호로프도 타운스와 같은 연구를 했다.

타운스는 메이저를 개발한 후 한 가지 아이디어를 떠올렸다. 마이크로파를 증폭시킨다면 다른 파도 증폭시키는 것이 가능하지 않겠느냐는 생각이다. 이는 빛도 가능하지 않을까 하는 질문을 던진 것이나 다름없다. 레이저가 실용화되는 것이다.

원리적으로 메이저는 전자기파의 어느 파장에도 응용이 가능하다. 타운스는 가시광선 파장 범위의 광선을 증폭시키는 메이저를 개발했다. 이것이 '복사의 유도 방출에 의한 빛의 증폭'이란 이름으로, 줄여서 '레이저LASER: Light Amplification by the Stimulated Emission of Radiation'다. 태양 광선을 프리즘에 통과시키면 무지개색의 분광 현상이 생긴다. 레이저는 그 무지개 색 가운데 단 하나의 색, 즉 단일 진동수의 빛을 내보내는 장치이다.

레이저에서 방출된 빛은 간섭성이 강하며, 진행 방향이나 파장이 일정하다. 따라서 레이저 광선은 퍼지지 않고 가느다란 빛으로 매우 멀리까지 진행해 나갈 수 있다. 1600킬로미터나 떨어진 곳에서 발사한 레이저 광선으로 커피 주전자를 가열할 수 있을 정도다. 1962년 달을 향해 발사된 레이저는 40만 킬로미터의 우주 공간을 지나 달에 도착했을 때 직경이 약 3킬로미터 정도밖에 퍼지지 않았다.

1962년에는 반도체 다이오드에 순방향으로 전류를 흐르게 했을 때도 레이저 작용이 일어나는 것을 발견했다. 이것은 광통신을 비롯해 콤팩트디스크 등 기록의 여러 분야에서 널리 이용되고 있다. 또한 1966년에는 복잡한 유기 염료를 집속 광원으로 사용한 유기 레이저가 개발되었다. 특히 유기 염료는 복잡한 분자로 이루어졌으므로 전자의 반응이 다양하게 일어나며, 여러 종류의 파장을 가진 레이저 광선을 만들 수 있다. 그 전까지 한 가지 파장만을 증폭할 수 있었던 것에 비해 유기 레이저는 일정한 범위 내의 모든 파장을 증폭할 수 있다는 것이다.

레이저의 기본 이론을 제시한 아인슈타인

아인슈타인이 레이저로 노벨상을 받았을 것으로 추정하는 것은, 그가 1917년에 유도 방출 이론을 발표했다는 것에 근거한다. 그는 원자가 여기 상태*일 때, 동일한 에너지의 광자가 원자를 원래 상태로 돌아가도록 촉진하면서 유도된 광자의 복제품 광자를 방출할 수 있다고 생각했다.

원자가 에너지를 얻고 또 그 원자가 얻은 에너지와 같은 양의 에너지를 지닌 광자가 그 원자에 와서 부딪힌다면 그 원자는 얻었던 에너지를 내놓는다. 이때 그 원자는 부딪혔던 광자와 똑같은 크기의 광자를 내놓으며, 방출된 광자는 원래의 광자와 방향 특성, 파장, 위상, 그리고 편광 상태가 같다. 광자 하나가 들어오면 같은 광자 두 개가 나간다는 것은 마이크로파를 증폭할 수 있다는 가능성을 제시한 것이다.

레이저는 새로운 형태의 빛을 만들었다. 기존 광원에서는 빛을 파동으로 제어하는 방법이 없었기 때문에 공간을 통해 에너지를 전달하는 것 말고는 활용할 수 있는 방법이 별로 없었다. 따라서 조명이나 광학 기계 등에 사용하는 것이 고작이었다. 이에 반해 레이저는 전파처럼 규칙적인 진동을 연속 발생케 하는 장치이므로 파장을 마음대로 조정할 수 있다.

---

* 여기(勵起) 상태란 원자나 분자에 있는 전자가 바닥상태에 있다가, 외부의 자극에 의해 일정한 에너지를 흡수해 보다 높은 에너지로 이동한 상태를 말한다.

현재는 이용 가능한 레이저광의 파장 범위가 가시 영역은 물론 자외선 영역부터 전파 영역까지 넓혀져 파장마다 고유의 레이저 광선을 만들 수 있게 되었다. 이것이 레이저를 거의 모든 전자 제품에 사용하게 된 요인이다. 또한 레이저 쪽으로 움직이는 물체에서 반사된 빛은 도플러 효과*에 의해 속도에 비례해서 진동수가 증가하고, 멀어지는 물체는 진동수가 감소한다. 이를 이용하면 아주 미세한 속도도 측정할 수 있으므로 수많은 산업 제품에 이 기술을 이용한다.

GPS(2005년)

2005년 노벨 물리학상은 미국 하버드대학교의 로이 글라우버, 미국 콜로라도대학교의 존 홀, 독일 막스플랑크 양자광학연구소의 테오도어 헨슈가 수상했다. 노벨위원회는 그들이 '양자광학적 결맞음** 이론으로 현

---

* 도플러 효과는 소리를 내는 물체와 듣는 사람이 어떻게 움직이는지에 따라 들리는 소리의 진동수와 파장이 바뀌는 현상을 말한다. 도플러 편이 현상이라고도 한다.

대 양자광학의 토대를 마련하고, 광 주파수와 빗 기술로 정밀분광학 발전에 기여'한 공로를 인정해 노벨상을 수여한다고 밝혔다. 아인슈타인이 살아 있었으면 적어도 이들 수상자 중 한 명이 탈락하고 아인슈타인이 받았을 것으로 생각한다.

수상한 이론의 제목이 워낙 길어 무슨 소리인지 모르겠다고 말하겠지만, 간단하게 말해 현재 우리들의 실생활에 깊이 침투해 있는 내비게이션GPS의 기초 원리다. GPS는 아인슈타인의 상대성 이론이 옳다는 것을 확실하게 확인시킨 것으로, 내비게이션에서 생기는 오차를 아인슈타인의 상대성 원리로 정확하게 교정한다.

위성은 가장 정확하다는 원자시계를 갖고 있는데, 위치를 정확히 알기 위해서는 이 시계가 지구 위에 있는 시계와 정확히 같이 움직여야 한다. 그러나 위성이 너무 빨리 움직이고 높이 떠 있다는 것이 문제다. 속도가 빠르기 때문에 상대성 이론의 영향을 받는 것이다.

상대성 이론에 따르면 빠르게 이동하는 물체 안에서는 시간이 느려진다. 일상생활에서는 이런 현상이 나

** 결맞음은 파동이 간섭이 가능한 상태에 있는 것을 말한다. 파동들이 합쳐질 때 결맞음이 잘 될수록 간섭 현상이 잘 일어난다.

타나는 경우가 거의 없지만 위성은 다르다. 미국 워싱턴대학교 클리포드 윌 교수에 따르면, 위성에서는 하루에 7밀리초millisecond: ms(1밀리초는 1000분의 1초)씩 시간이 느려진다.

더 큰 문제는 중력이다. 위성은 대체로 지표면에서 2만 200킬로미터 높이에서 돌고 있는데, 이 때문에 중력이 표면의 4분의 1에 불과하다. 중력이 약한 곳에서는 시간이 빨리 간다는 것이 상대성 원리이다(실제로는 외부 관찰자가 볼 때 시간이 빨리 가는 것처럼 보인다). 이 때문에 위성 시계가 지표면보다 더 빨리 가서 하루에 45밀리초나 더 빨라지는 현상이 생긴다.

두 가지 효과를 모두 고려하면 위성에 있는 원자시계는 지표면보다 38밀리초나 빨리 가게 되는 것이다. 만약 하루 종일 이 차이를 무시하고 내버려두면, 38밀리초 사이에 전파는 약 11킬로미터나 진행되므로 11킬로미터의 위치 오차가 생긴다. 한마디로 내비게이션이 아무런 쓸모가 없어진다.

이들의 원리는 GPS뿐만 아니라 우주선에 필요한 고도의 항법 장치의 신뢰도를 향상시키는 데 결정적인 역할을 한다. 또한 아인슈타인의 일반 상대성 이론을 검증하기 위한 중력파 검출용 우주망원경을 안정적으로 운용하는 것은 물론 인터넷 통신 속도를 획기적으로 향상시킬 파장 다중 분할 광통신 기술을 발전시키는 데도 큰 기여를 할 것으로 추정한다.

중력파(2017년)

2016년 2월 드디어 중력파Gravitational Wave를 검출했다는 소식에 세계가 환호했다. 중력파 발견을 두고 과학자들은 '인류 과학사에서 역사적인 순간'이라고 설명할 정도다. 중력파는 1916년 아인슈타인이 일반 상대성 이론을 통해 예측했는데, 100년 만에 드디어 밝혀진 것이다.

태양이나 지구를 비롯한 대부분의 천체는 질량의 변화가 거의 없다. 따라서 중력은 물론 주변 시공간의 변화도 없다. 하지만 별이 폭발하는 현상인 초신성처럼 질량이 급변하는 상황에서는 중력이 요동친다. 질량의 분포가 시간에 따라 변하면서 시공간이 휘는 양상이 변하고, 그 양상의 변화가 공간을 따라 퍼진다. 아인슈타인이 1916년 이런 현상을 예측해 발표한 것이 바로 중력파다.

한마디로 중력파란 우주의 시공간이 뒤틀리면서 중력이 파도처럼 전달되는 것을 말한다. 대표적으로 백색왜성과 중성자별, 블랙홀을 포함한 쌍성계가 중력파를 방출한다.* 이러한 중력파로 전달되는 에너지를 중력 복사重力輻射, gravitational radiation라 한다. 뉴턴 역학에서는 시공간을 변하지 않는, 절대적인 것으로 보기 때문에 중력파의 존재 자체가 불가능하다.

중력파는 1916년에 아인슈타인이 일반 상대성 이론을 기반으로 그 존재를 처음 예측했다. 하지만 기술적인 한계로 검출하지 못하고 간접적으로 확인하기만 했다.

2015년 9월 미국의 '레이저 간섭계 중력파 관측소The Laser Interferometer Gravitational-Wave Observatory:

---

* 백색왜성과 중성자별, 블랙홀은 별의 마지막 모습이다. 백색왜성은 별이 마지막에 핵융합 재료를 모두 태우고, 남은 물질을 밖으로 날려 보낸 뒤 재만 남은 상태다. 밀도가 높고 흰빛을 내는데, 크기는 지구와 비슷하지만 질량은 태양과 비슷하다. 중성자별은 무거운 별이 초신성 폭발을 겪고 난 뒤 남은 중심핵을 말한다. 이러한 백색왜성이나 중성자별 두 개가 짝을 이룬 것을 쌍성계라고 한다.

LIGO(라이고)'가 블랙홀 두 개가 충돌해 하나의 거대한 블랙홀로 병합되기 직전에 발생한 중력파를 관측하는 데 성공했다. 이 결과는 5개월의 분석 과정을 거친 뒤 2016년 세상에 발표됐다.

놀랍게도 이 프로젝트에 참여한 매사추세츠공과대학교 라이너 와이스Rainer Weiss, 캘리포니아공과대학교 배리 배리시Barry Barish, 이와 같은 대학의 교수로 영화 〈인터스텔라〉의 과학 자문이자 공동 제작자인 킵 손Kip Thorne, 이 세 사람이 중력파를 검출한 지 2년 후인 2017년 노벨 물리학상을 공동 수상했다. 중력파, 중성자별, 블랙홀, 아인슈타인에다 노벨 물리학상이라는 말까지 나오므로 이해하기 쉬운 것은 아니다. 사실 수상자 세 명은 중력파를 탐색하기 위해 무려 40여 년을 한 길만 판 끝에 노벨상을 수상한 것도 이례적이다.

2019년 4월 천문학자들이 '사건의 지평선* 망원경Event Horizon Telescope, EHT 프로젝트'의 첫 결과로 블랙홀을 촬영한 사진을 공개했다. 빛을 포함한 모든 전자기 복사를 흡수해 광학망원경에서 X선, 감마선, 전파망

* 사건의 지평선은 블랙홀로부터 탈출이 불가능해지는 경계를 말한다.

원경에 이르는 인류가 가진 어떤 망원경으로도 관측되지 않지만 바깥쪽 경계선인 사건의 지평선을 들면 이론적으로 가능하다.

EHT는 세계 각지의 전파망원경 15~20개를 연결해 만든 지구 크기의 거대한 가상 망원경으로, 우리 은하 처녀 은하단의 블랙홀 M87의 사건의 지평선을 계속 관측했다. EHT가 발표한 블랙홀은 영화 〈인터스텔라〉에서 묘사한 모습과 거의 일치한다.

중력파는 중성자별이나 블랙홀 쌍성계의 병합에서 발생하는데, 중성자별은 아인슈타인의 상대성 이론을 확고히 증명해준 것으로도 유명하다. 이론만으로 설명되었던 중성자별이 1967년 케임브리지대학교의 대학원생 조셀린 벨 버넬Dame Susan Jocelyn Bell Burnell, 1943~과 지도교수 앤서니 휴이시Antony Hewish, 1924~2021가 발견했다.

그들은 퀘이사에서 날아오는 전파에서 이상한 신호를 발견했다. 그런데 그 전파는 퀘이사에서 날아온 것이 아니었다. 놀라운 것은 그 전파가 1.337초마다 한 번씩 0.3초 동안 맥동*을 나타냈다. 이것은 이전에 한 번도 관측된 일이 없었다. 그때까지 관측된 퀘이사의 전파 신호는 언제나 일정하게 계속되었기 때문이다.

처음에 버넬과 휴이시는 이를 외계인이 보낸 전파일지도 모른다고 생각해 'LGMlittle green man(작은 녹색 인간)'이라 불렀다. 하지만 얼마 후 맥동하는 전파 별에서 나오는 것으로 판단해 '펄서'**라고 불렀고, 백색왜성이나 중성자별일 것으로 추정했다.

천체물리학자인 토머스 골드Thomas Gold, 1920~2004와 천문학자인 프랑코 파치니Franco Pacini, 1939~2012도 수수께끼 같은 이 천체를 집중적으로 연구해 펄서가 중성자별이라는 결론을 얻었다. 중성자별은 아주 빠른 속도로 자전하면서 자극에서 강한 전파를 방출한다. 마침 그 방향이 지구를 향하면 회전하는 등대 불빛이 일정한 간격으로 지나가는 것처럼 전파 신호가 맥동하는 것으로 보인다는 것이다.

그 후 펄서가 수없이 더 발견되었는데, 모두 빠른

---

* 맥동(脈動)은 항성의 크기가 수축이나 팽창하면서 주기적으로 바뀌는 현상을 가리킨다. 이 때문에 별의 밝기가 주기적으로 변하는 것처럼 보인다.

** 펄서(pulsar)는 '맥동 현상을 보이는 별(pulsating star)'을 조합해 만든 신조어다. 강한 자기장을 가지고 고속 회전을 하며, 주기적으로 전파나 엑스선을 방출하는 천체를 말한다.

속도로 회전하는 중성자별로 밝혀졌다. 휴이시는 펄서를 발견한 공로로 1974년에 노벨 물리학상을 받았지만, 당시 대학원생이었던 조슬린 벨 버넬은 수상자 명단에서 빠졌다. 물론 그녀는 노벨상을 수상하지는 못했지만 명성 높은 영국 왕립학회의 회원이 되어 과학계를 이끌어가는 선두주자 중에 한 명으로 인정받았다. 그러나 노벨위원회는 여성을 차별하고 있다는 비난을 받아야 했다.

2004년 1월 오스트레일리아의 물리학자들은 지름이 64미터인 파크스 천체망원경으로 우주 공간으로 에너지를 뿜어내는 중성자별 한 쌍을 발견했다. 그들은 애초에 초당 44회씩 회전하는 중성자별을 관측했는데, 좀 더 자세히 확인한 결과 2.8초마다 한 번씩 회전하는 또 다른 중성자별이 바로 곁에 있는 것을 확인했다.

천문학자들의 계산에 따르면, 두 중성자별은 지금으로부터 약 8500만 년 뒤에 서로 충돌할 것으로 예측됐다. 한마디로 이론적으로만 확인돼온 아인슈타인의 일반 상대성 이론에 대한 실제 증거로 인식한다.

중력파 검출은 지상 명제

지구에 살고 있는 모든 생명체는 매순간 중력 속에서 살아간다. 17세기에 아이작 뉴턴이 발표한 만유인력의 법칙은 중력에 관한 이론이다. 뉴턴은 두 물체 사이에 서로를 잡아당기는 힘으로 작용하는 만유인력이 질량의 곱에 비례해서 커지며, 둘 사이 거리의 제곱에 반비례한다고 발표했다. 이 법칙은 우리 일상에서 중력에 의해 벌어지는 모든 운동을 정확히 설명한다.

그러나 뉴턴의 중력은 어떤 방식으로 각각의 물체에 작용하는지를 설명하지 못하는 것은 물론 강한 중력장이나 빛에 가까운 속도에서는 잘 들어맞지 않는다. 특히 학자들은 질량이 지구의 33만 배가 넘는 태양과 수성의 운동은 만유인력의 법칙에 따르지 않는다는 것을 발견했다. 수성의 근일점은 100년에 약 43초(1초는 각도 1도의 3600분의 1)씩 알 수 없는 이유로 움직였다.

아인슈타인은 이런 현상을 뉴턴과 달리 생각했다. 뉴턴은 물체를 둘러싼 공간과 시간을 물체의 존재와 관계없이 변하지 않는 절대적인 대상이라고 생각했다. 그러나 아인슈타인은 그렇지 않을 수 있다고 생각했다.

상대성 이론의 시작이다. 일반 상대성 이론에 따르면, 시공간은 질량을 가지는 물체에 생성되는 중력에 의해서 휜다.

아인슈타인이 그의 일반 상대성 이론에서 명시했듯이, 중력파는 우주를 채우며 빛의 속도로 퍼져 나간다. 아이스 스케이팅 선수가 회전하거나 블랙홀 한 쌍이 서로를 중심으로 돌 때와 같이 하나의 질량이 가속될 때 항상 생성된다. 이 말은 우주 공간에서 아주 큰 질량을 가진 물체가 폭발하거나 충돌해 질량이 급격하게 변하면, 그에 따른 중력도 변한다는 것이다. 아인슈타인은 이 과정에서 중력의 변화로 시공간이 변하면 중력파라는 파동으로 퍼져 나갈 것이라고 예측했다.

아인슈타인은 인간이 중력파를 결코 측정할 수 없을 것이라고 확신했지만, 중력파가 워낙 매력적이므로 중력파 검출에 많은 천문학자가 도전했다. 실제로 아인슈타인이 일반 상대성 이론으로 중력파의 존재를 예측했을 때부터 물리학자들 사이에서 중력파를 검출하는 것은 하나의 목표가 되었다.

수많은 과학자가 이 지난한 목표에 투신했다. 1970년대에 미국의 물리학자 조지프 후턴 테일러

Joseph Hooton Taylor, Jr.와 러셀 앨런 헐스Russell Alan Hulse가 서로의 주변을 도는 중성자별 쌍을 발견하고 이들의 궤도를 20~30년 관측한 결과, 해마다 궤도 주기가 조금씩 줄어들며 그 반경 또한 그에 따라 줄어들고 있음을 발견했다. 중성자별 쌍은 서로의 질량 중심을 돌며 서서히 가속되어 서로에게 다가가는데, 이 과정에서 에너지를 방출하며 중력파가 발생한다.

테일러와 헐스는 이 궤도 주기의 변화가 일반 상대성 이론으로 예측할 수 있는 중력파에 의한 에너지 손실과 정확히 일치한다고 발표했다. 중력파의 존재를 간접적으로 입증했다는 설명이다. 그들은 중력 연구의 새로운 가능성을 연 공로로 1993년 노벨 물리학상을 받았다.

이들의 연구에 고무된 천문학자들은 다시 직접 중력파를 검출하자는 방향으로 옮겼다. 우선 중력파 측정 장치를 레이저 간섭계를 이용한 방식으로 바꿨다. 측정 장치의 원리는 광속을 측정한 마이컬슨 간섭계와 동일하다. 완전히 결맞음 상태인 레이저를 세팅해 놓았다가 공간의 요동으로 레이저가 진행하는 거리가 아주 조금 달라지면 그에 따라 간섭무늬에 변화가 생기게 하는 방식이다. 이 장치의 장점은 원자핵 지름 정도의 아주 작은 흔들림도 측정할 수 있다는 것이다.

중력파 검출 장비가 계속 업그레이드되었음에도 검출에는 번번이 실패했다. 2015년 미국 캘리포니아 공과대학교 데이비드 라이츠David reitze 교수는 한국을 포함한 16개국 80여 개 연구기관 1000여 명의 연구진과 중력파 검출에 성공했다고 밝혔다. 일반 상대성 이론이 예측한 현상 중에서 마지막까지 남아 있던 숙제가 풀리는 역사적인 순간이라고 볼 수 있다.

연구진들이 관측에 성공한 중력파는 지구로부터 13억 광년 떨어진 곳에서 쌍성계를 이루고 있던 두 개의 블랙홀이 충돌해 새로운 블랙홀이 되는 과정에서 생성된 것이다. 이 말은 천문학자들이 관찰한 중력파가 무려 13억 년 전에 출발해 지구에 도착했다는 것을 의미한다. 결론은 13억 년 전에 발생한 중력파가 빛의 속도로 지구를 스쳐 지나갔는데, 이 순간을 '레이저 간섭계 중력파 관측소'가 놓치지 않고 잡아냈다는 것이다.

놀라운 사실은 현대 과학의 정밀도로 측정한 이 중력파의 최대 진폭이 1021분의 1마이크로미터(㎛) 수준이라는 점이다. 1광년, 즉 빛이 1년 동안 가는 거리에서 머리카락 굵기 정도로 변하는 수준이다. 중력파 검출에 전 세계 과학자들이 환호한 이유다.

이어서 루이지애나주립대학교 가브리엘라 곤잘레스Gabriela González 교수도 중력파를 검출했다. 그는 질량이 태양보다 14배, 8배인 두 블랙홀이 합병해 빠르게 회전하는, 태양보다 질량이 약 21배나 큰 블랙홀이 만들어지는 과정에서 발생한 중력파를 검출했다. 이후 중력파는 계속 발견되었다.

사실 중력파 검출은 천문학자들의 개가라고 볼 수 있다. 중력파 검출이 힘든 이유는 중력파 자체가 차원을 달리하기 때문이다. 전자기파는 시험 전하를 이용해 전기력을 측정함으로써 알아낼 수 있다. 검출되는 힘이 미약하면 시험 전하의 전하량을 늘려서 전기력을 보다 키워 측정할 수 있다. 그러나 중력파에서 '중력'은 시공간 자체의 구부러짐으로 설명된다.

중력파는 시공간 자체의 기하학적 요동이며, 관측자도 중력파를 따라 같이 흔들린다. 관측자 자신이 중력파를 느낄 수 없는 데다 중력파로 인한 가속 운동은 중력파가 동일할 때 물체의 질량에 관계없이 모두 똑같이 나타난다. 그러므로 위치에 따른 중력파의 차이를 검출하는 것이다.

그런데 중력파는 매우 멀리 떨어진 천체에서 퍼져 나와 그중 일부가 지구 전역으로 도달한다. 지구 어디에서 측정하나 거의 동시에 거의 같은 흔들림이 관측되어야 한다. 그래서 미국 내에서도 루이지애나주와 워싱턴주에 각각 배치했는데, 두 관측소 사이의 거리는 약 3000킬로미터나 된다. 학자들은 이 정도가 되어야 중력파의 방향을 알 수 있다고 말한다.

과학자들이 중력파 검출에 환호하는 또 다른 이유는 파생 효과 때문이다. 버나드 슈츠Bernard Schutz 영국 카디프대학교 교수는 중력파를 통해서 우주의 어떤 시공간도 정확한 정보를 얻을 수 있다며, 중력파가 완벽한 메신저 역할을 수행할 수 있다고 말했다. 또한 눈에는 보이지 않지만 우주 공간의 대부분을 채우고 있는 암흑 물질에 관한 정보도 얻을 수 있다고 설명했다.

스티븐 호킹도 중력파를 검출할 수 있는 능력은 우주를 바라보는 완전히 새로운 방법을 제공한다며, 눈에 보이지 않는 암흑 물질Dark Matter과 빅뱅 이론 등 이전까지는 알 수 없었던 미지의 우주를 밝혀내는 데 크게 기여할 것이라며 극찬했다.

블랙홀(2020년)

2020년 블랙홀의 존재를 이론적으로 증명한 로저 펜로즈Roger Penrose, 1931~ 영국 옥스퍼드대학교 교수, 관측으로 블랙홀의 존재를 확인한 라인하르트 겐첼Reinhard Genzel, 1952~ 독일 막스플랑크 외계물리학연구소장, 앤드리아 게즈Andrea Ghez, 1965~ 미국 로스앤젤레스 캘리포니아대학교UCLA 교수가 노벨 물리학상을 수상했다.

노벨위원회는 '우주에서 가장 낭만적인 현상 중 하나인 블랙홀을 발견한 공로로 2020년 노벨 물리학상을 수여한다'고 선정 이유를 밝혔다. 노벨위원회는 세 사람의 업적을 설명한 보도자료 첫 부분에 펜로즈가 블랙홀이 일반 상대성 이론의 직접적인 결과라는 사실을 증명했다고 설명했다. 또 겐첼과 게즈는 보이지 않는 아주 무거운 물체가 은하계의 중심에서 별들의 궤도에 관여한다는 사실을 발견한 공로가 인정된다고 평가했다.

사제지간인 라인하르트 겐첼과 앤드리아 게즈는 펜로즈의 이론을 바탕으로 칠레에 유럽남방천문대ESO에서 적외선망원경으로 은하 중심에 있는 별들을 정밀 관측했다. 이들은 아주 무겁지만 무게에 비해 작은 무언가를 발견했다. 바로 블랙홀이었다. 이들은 눈으로 보이지 않으나 질량이 태양의 400만 배나 되는 초대형 블랙홀의 존재를 증명해냈다.

2018년 여성 과학자로 55년 만에 노벨 물리학상을 받은 도나 시어 스트리클런드Donna Theo Strickland, 1959~ 캐나다 워털루대학교 교수에 이어, 앤드리아 게즈는 네 번째 여성 노벨 물리학상 수상자가 됐다. 2017년과 2020년에 아인슈타인이 제시한 이론들이 노벨상을 받은 것은 과학기술의 발달로 과거에는 불가능하다고 생각한 검증이 실제로 이루어졌기 때문이다. 블랙홀이란 말은 우주를 다룰 때 반드시 등장하지만 블랙홀로 노벨상을 수상한 것은 2020년이 처음이다. 그만큼 블랙홀 연구는 우주론에서 주를 이루었음에도 수상이 만만치 않았다는 것을 의미한다.

블랙홀이라는 개념은 현대 과학에서 태어난 것이 아니다. 블랙홀이 처음으로 등장한 시기는 무려 200여 년이 훨씬 넘는다. 1783년 영국의 지질학자 존 미첼John Mitchell, 1724~1793은 뉴턴의 만유인력과 탈출 속도를 이용해 블랙홀의 존재를 최초로 제안했다. 그는 만

© NASA, ESA, and G. Bacon (STScI)

블랙홀이란 말은 우주를 다룰 때 반드시 등장하지만 블랙홀로 노벨상을 수상한 것은 2020년이 처음이다.

약 태양에 비해 지름이 500배 크고 밀도가 동일한 행성이 있다면, 이 행성에서 물체의 탈출 속도는 빛의 속도와 같고, 이 때문에 이 행성에서는 빛이 빠져나올 수 없다고 주장했다. 10여 년 뒤인 1796년 유명한 프랑스 수학자 피에르시몽 드 라플라스Pierre-Simon de Laplace가 『세계 시스템에 관한 해설』이란 책에서 미첼과 유사한 견해를 발표했지만 학자들의 뇌리에서 잊혀졌다.

상대성 이론을 제시한 아인슈타인은 질량과 에너지가 있으면 시공간이 휜다는 일반 상대성 이론의 핵심 내용을 매우 복잡한 미분방정식으로 정리했다. 다만 그는 방정식의 정확한 해解(풀이)를 내지 못했다. 그런데 일반 상대성 이론이 등장한 지 얼마 되지 않은 1916년, 독일의 물리학자이자 천문학자인 카를 슈바르츠실트Karl Schwarzschild, 1873~1916가 아인슈타인의 상대성 이론에 기초해 물체의 부피가 아주 작을 때 그 물체의 바로 곁에 극단적으로 크게 구부러지는 공간이 생긴다고 예언했다.

'슈바르츠실트 계량metric' 혹은 '슈바르츠실트 해solution'라고 부르는 시공간이다. 강궁원 한국과학기술정보연구원KISTI 책임연구원은 "이 해는 두 가지 면에서 특별한 성질을 갖고 있다. 첫째, 공간의 휘어짐이 중심으로 갈수록 점점 강해져 어느 구면(사건의 지평면 혹은 슈바르츠실트 반경) 안으로 들어가면 빛이 빠져나가지 못하는 소위 블랙홀 영역이 존재한다. 둘째, 이 블랙홀 영역의 중심에는 시공간 휘어짐이 무한대로 커지는 소위 특이점이 존재한다"고 설명한다. 한마디로 블랙홀은 거대한 별들이 진화하는 과정에서 나오는 자연스러운 결과물이라는 것이다.

슈바르츠실트는 블랙홀에 중심점이 있고 정적인(회전하지 않는) 블랙홀이 존재할 수 있다는 결론을 유도했다. 이것은 표면이 없는 대신에 그 선을 넘어서면 탈출이 불가능한 경계가 있다는 점에서 아주 특이한 존재였다. 이를 '사건의 지평선'이라고 한다.

사건의 지평선은 블랙홀을 둘러싸고 있는 구형의 경계를 말하는데, 오늘날에는 슈바르츠실트를 기념하기 위해 중심점에서 사건의 지평선까지 거리를 '슈바르츠실트 반지름'이라고 부른다. 어떤 별의 질량이 매우 좁은 영역 안에 밀집되어 있어서 질량을 반지름으로 나눈 값이 어떤 임계 값보다 커지면, 시공간의 왜곡이 급격하게 심해지고 그 근처에 존재하는 물체들은 모두 그 별의 중력에 빨려 들어가게 된다. 이것이 오늘날 우리가 말하는 블랙홀이다.[3] 태양과 같은 크기의 별은 반지름이 약 3킬로미터다.[4]

아이러니하게도 일반 상대성 이론을 제창한 아인슈타인은 블랙홀의 존재를 인정하지 않았다. 큰 질량을 가진 천체의 부피가 무한히 작아지기까지 수축하는 일 따위가 일어날 리 없다고 생각했다. 그는 블랙홀이 물리적으로 존재할 수 없음을 보여주기 위해 1939년 「중력에 이끌리는 다체로 구성된 구상 균형을 이룬 정지계에 대하여」라는 논문을 통해 슈바르츠실트가 주장한 블랙홀을 반박하려고 했다.[5]

그런데 1963년 뉴질랜드 수학자 로이 패트릭 커Roy Patrick Kerr, 1934~가 또 다른 블랙홀에 대한 해를 발표했다. 바로 회전하는 블랙홀이다. 블랙홀의 회전 때문에 시공간을 빨아들이는 영역이 사건의 지평선 바깥까지 뻗어 있는데, 이를 에르고스피어ergosphere라고 한다. 커의 회전하는 블랙홀은 특이점이라 부르는 중심점이 하나의 점으로 존재하지 않고 고리 모양으로 존재한다.

오늘날 회전하는 블랙홀은 '커 블랙홀', 회전하지 않는 블랙홀은 '슈바르츠실트 블랙홀'이라고 부른다.

두 블랙홀은 모두 질량과 전하(양전하든 음전하든 그 크기는 비교적 작을 것으로 추정)만으로 완전하게 기술할 수 있으며, 커 블랙홀에는 회전 속도(각 운동량)가 추가된다.[6] 커 블랙홀에 전하를 더해 '커-뉴먼 블랙홀'이라고 하는데, 이것이 가장 일반적인 개념의 천체다. 회전, 전하에 블랙홀의 질량을 더한 세 개의 양을 '털(毛)'로 비유하자면, 그 '털' 이외의 물리적 정보는 블랙홀이 될 때 모두 소멸된다.[7]

논란의 핵심은 블랙홀과 같은 천체가 실제 자연에 존재하는가 하는 것이다. 이와 관련해 1939년 미국의 로버트 오펜하이머Julius Robert Oppenheimer, 1904~1967와 그의 제자 하트랜드 스나이더Hartland Snyder, 1913~1962가 「계속적인 중력 수축에 관하여」라는 제목으로 논문을 발표한다. 로버트와 하트랜드는 "충분히 무거운 별은 핵연료를 다 태우고 나면 작은 물체로 붕괴하는데, 너무 조밀하고 중력이 강해서 빛조차도 이 물체를 빠져나갈 수 없다"고 밝혔다. 압력 없이 중력 수축만 일어나는 경우를 일반 상대론에서 고찰한 것이다.

아인슈타인 방정식에 따르면, 별이 중력 수축을 진행하면서 사건의 지평면이 발생하고, 중심의 질량 밀도가 무한대가 되어 특이점도 만들어진다. 일반 상대론의 블랙홀 해는 수학적인 것이 아니라 중력 붕괴를 통해 자연에 실재하는 천체 물리적 대상일 수 있다는 말이다. 즉, 태양보다 훨씬 무거운 별이 붕괴할 때 연료가 다 하면 중력이 워낙 강한 탓에 별 안쪽으로 모든 것을 끌어당기는데, 빛도 예외가 아니라는 것이다. 다시 말해 빛의 속도도 이 천체들의 중력을 빠져나올 만큼 빠르지 않다는 뜻이다. 특히 영국의 천체물리학자 로저 블랜포드Roger Blandford, 1949~ 등 몇몇 학자들은 블랙홀 질량이 태양보다 1억 배 정도 크면 충분히 은하 밝기 정도의 에너지를 꺼낼 수 있다고 주장했다.

아인슈타인이 사망한 후인 1970년대에 백조자리 방향에서 강력한 X선-원(X-1)이 발견되었다. 원래 많은 천문학자와 물리학자들은 이 X선을 방출하는 천체로 중성자별을 생각했다. 그러다 중성자별의 질량이 태양 질량의 약 3배 이하여야 한다는 것을 발견했다. 그런데 백조자리 X-1의 질량은 태양보다 약 10배 이상으로 컸다. 결국 백조자리 X-1은 중성자별이 아니라 블랙홀이라고 결론을 내렸다.[8)]

그 후 허블망원경이 많은 은하의 중심에 거대한 블

랙홀이 존재한다는 증거를 속속 찾아냈으며, 이제는 대부분 은하 중심에 질량이 태양보다 100만~100억 배 더 큰 블랙홀이 존재한다는 것이 기정사실이 됐다.[9] 블랙홀의 존재는 직접 관찰한 것이 아니라 주변의 별이 빨려 들어갈 때 생기는 회전가스 원반 형태의 X선이나 감마선 빛을 관측해서 확인했다.

최근 노벨 물리학상을 수상한 연구들은 많은 사람을 놀라게 했다. 2017년 중력파, 2019년 물리적 우주론과 외계 행성, 2020년 블랙홀 등 모두 천체물리 분야에서 선정되었기 때문이다. 이는 그동안 천체물리학 분야에 수여하지 않았던 관례로 볼 때 이례적이기도 하지만, 최근 천체물리 분야에서의 과학적 성과를 반영한다고 볼 수 있다.

블랙홀을 직접 목격하는 것은 불가능하지만 블랙홀과 같은 큰 중력은 주변 별들의 움직임에 큰 영향을 준다. 블랙홀이 주위에 어떤 영향을 주는지 관찰하면 특성을 찾아낼 수 있다는 것이다. 우리가 살고 있는 은하는 10만 광년에 걸쳐 만들어진 평평한 원반 모양이다. 가스와 먼지, 수천억 개의 별들로 구성됐다. 지구에서는 성간 가스와 먼지구름이 은하 중심에서 오는 가시

광선을 가려 별을 볼 수 없다.

라인하르트 겐첼과 앤드리아 게즈는 바로 이 점에 착안했다. 그들은 먼지구름과 가스 너머를 볼 수 있는 적외선망원경과 전파망원경으로 우리 은하의 중심을 연구했으며, 은하 중심에 보이지 않는 거대한 물체가 숨어 있다는 가장 확실한 증거를 제시했다. 바로 블랙홀이다.

사실 그동안 학자들은 부단히 우리 은하 중심에 블랙홀이 있을 것으로 추정했다. 1960년대 초 주변 물질을 집어삼키는 에너지 때문에 별처럼 적색으로 밝게 빛나는, 블랙홀을 포함한 은하인 퀘이사를 발견한 이후 물리학자들은 큰 은하 가운데는 초거대 질량의 블랙홀이 있을 것으로 추측했다.

1990년대에 겐첼과 게즈는 개별로 은하를 관찰해 은하 중심에 있는 가장 밝은 별 30개를 추적했다. 이 별들은 은하 중심에서 빠르게 움직이며, 마치 꿀벌처럼 복잡한 궤도를 그린다. 이 영역 밖의 별은 은하의 타원궤도를 질서 있게 돈다. 이중 S2라는 별은 16년 간격으로 은하 중심을 한 바퀴 도는데, 학자들은 이 별들이 너무 빠른 것에 의아해했다. 태양이 은하 중심을 한 바퀴

도는 데 걸리는 시간은 2억 년 이상이기 때문이다.

두 사람은 S2를 비롯한 별들의 궤도로 각자 우리 은하 중심의 블랙홀을 측정했다. 우리 은하의 중심에 있는 블랙홀은 질량이 태양의 400만 배나 되었으며, 이 측정은 2020년 노벨 물리학상으로 이끌었다. 그런데 블랙홀 연구에 결정적인 역할을 한 스티븐 호킹은 노벨상을 받지 못했다. 그가 2018년 사망했기 때문이다.

놀라운 것은 블랙홀의 규모로, 질량의 크기가 상상을 초월한다. 태양보다 120억 배 무거운 고대 블랙홀도 발견했다. 중국 베이징대학교와 미국 애리조나대학교 등 국제 연구팀이 적외선 우주망원경 '와이즈WISE'에서 보낸 데이터를 분석해, 지구에서 128억 광년 떨어진 지점에서 새로운 블랙홀을 발견했다. 이 블랙홀은 태양의 질량보다 120억 배 무거웠다. 지금까지 발견한 블랙홀 중 가장 무거운 블랙홀이다. 이 블랙홀로 형성된 퀘이사는 태양보다 420조 배 밝은 것으로 나타났다.

참고로 블랙홀이라는 단어는 1967년 미국 프린스턴대학교의 물리학자 존 아치볼드 휠러John Archibald Wheeler, 1911~2008가 '중력적으로 완전히 붕괴된 물체'를 보다 간편하게 하기 위해 '블랙홀'이라고 부르자고 한 데서 시작되었다. 당시 블랙홀은 '얼어붙은 별frozen star' 또는 '붕괴된 물체collapsed object' 등으로 불렸다. 지금은 초등학생이라도 개념을 알고 있을 블랙홀이라는 '저명인사'가 불과 50년 전에는 그 누구도 알지 못하는 '무명인사'였다.

브라운 운동(1926년)

아인슈타인은 1921년 광전자 이론으로 노벨상을 받은 뒤 1955년에 사망했다. 만약 그가 2000년까지 살아 있었다면, 1961년 뫼스바우어부터 2020년 블랙홀의 펜로즈 등과 함께 노벨상을 적어도 다섯 개는 추가로 받았을 것으로 추정한다. 일부 학자들은 아인슈타인이 1926년에 장 바티스트 페랭Jean Baptiste Perrin, 1870~1942과 함께 노벨상을 받았어야 한다고 말한다. 아인슈타인이 1905년에 발표한 두 번째 논문이 바로 그 증거다.

그리스의 철학자 데모크리토스Democritus, 기원전 460?~기원전 380?는 물질에 영원히 자를 수 없는 입자, 즉 원자가 있을 것으로 추정했지만 원자가 실재한다는 증거를 제시할 수 없었다. 그런데 루크레티우스Titus Lucretius Carus, 기원전99~기원전 55는 햇빛 속에서 춤추는 것같이 움직이는 대지 중의 먼지를 원자라고 말했다. 그의 말은 과학적으로 틀렸지만 원자라는 개념을 설명했다는 데 중요성이 있다.

이후 르네 데카르트René Descartes, 1596~1650가 무한히 분할할 수 있는 입자를 가정했지만 증거를 제시하지 못했다. 그런데 뉴턴에 이어 다니엘 베르누이Daniel Bernoulli, 1700~1782는 기체의 반발적인 작용은 기체가 사물 주위에서 움직이고 반사된다는 것을 보여주며, 그 결과 압력이라는 힘이 생긴다고 주장했다.

이를 간결하게 설명한 사람이 존 돌턴John Dalton, 1766~1844이다. 그는 화학에 원자를 도입하면서 물질이 서로 다른 무게의 원자로 구성되어 있다고 주장했다. 돌턴은 화학 물질이란 하나로 연결시키는 작은 집단들의 파트너 교환이라고 생각했는데, 실제로 원자의 증거를 얻을 수 없으므로 당대의 학자들은 원자의 존재 자체를 의심했다.

그런데 스코틀랜드의 식물학자 로버트 브라운Robert Brown, 1773~1858은 현미경으로 꽃가루를 들여다 보고 원자의 증거를 확인했다. 물에 떠 있는 꽃가루를 보면서 그는 움직이는 꽃가루가 물의 흐름을 따라 빙빙 도는 것이 아니라 무작위로 움직인다고 생각했다. 가끔 꽃가루가 모두 뒤집어지거나 세게 친 샌드백처럼 한쪽이 안으로 움직였다.

브라운은 이를 관찰하면서 꽃가루가 정자처럼 헤엄치는 것이 아닐까 생각했다. 이 운동을 브라운 운동이라고 부른다. 바로 이 현상을 아인슈타인이 1905년에 명쾌하게 설명했다. 그 움직임이 정면충돌하는 역동적 분자로 인해 일어난다는 것이다.

1911년 장 바티스트 페랭은 브라운 운동을 이용해 원자의 크기를 측정했다. 일반적인 티스푼에는 액체가 5밀리리터 담기는데, 기체의 경우 약 1만경 개의 기체 분자가 담기며, 물이 담긴 티스푼에는 물 분자의 1000배 이상이 담긴다. 물이 끓어 증기가 되면 훨씬 큰 공간을 채운다. 증기 기관이 작동하는 이유다. 원자가 존재한다고 가정하면 증기 기관의 작동이 쉽게 설명되며 로켓도 설명할 수 있다.

아인슈타인은 바로 이 논리를 제시했다. 그러므로 그는 1926년 장 페렝과 공동으로 노벨상을 받았어야 한다. 당시 페렝은 아인슈타인이 노벨상을 수상한 지 단 5년 뒤에 받는 것이라 아인슈타인이 공동 수상자로 적격이었겠지만, 노벨위원회가 아인슈타인을 배제했을 것으로 보는 시각도 있다.

물론 1879년생인 아인슈타인이 2020년까지 살았다면 노벨상을 여섯 개나 받았을 것이라는 가정이 적합하지 않다는 지적도 있다. 하지만 아인슈타인이 노벨상을 못 받은 것은 그의 이론이 워낙 앞섰기에 당대에 검증이 불가능해서였다. 재주가 너무 탁월하면 손해를 보는 현실은 영재 과학자에게도 예외가 아니었다.

참고문헌

강궁원, 「[과학자가 해설하는 노벨상] 블랙홀 존재 입증한 '특이점 정리' 미래 물리학을 예견하다」, 『동아사이언스』, 2020년 10월 7일.

김성원, 「우주의 시작에서 마지막까지 표준 우주모델 시나리오의 기틀 마련」, 『과학동아』, 1993년 9월호.

라대일, 「대폭발 이론이 태어나기까지」, 『과학동아』, 1992년 12월호.

박석재, 「태초 초고밀도의 한 점-대폭발 급팽창」, 『과학동아』, 1995년 1월호.

박석재, 「파란만장한 블랙홀 자서전」, 『과학동아』, 1997년 5월호.

박석재, 「우주는 모든 물질이 한 점에 모여 일으킨 대폭발의 결과」, 『신동아』 2004년 신년호 특별부록.

박진희, 「블랙홀 둘러싼 거장과 신인의 싸움」, 『과학동아』, 2004년 9월호.

유디트 라우흐, 「다시 돌아보는 천재의 삶」, 『리더스다이제스트』, 2005년 4

월호.
윤태현, 「레이저로 측정 한계 극복하다」, 『과학동아』, 2005년 11월호.
이명균, 「150억 년 우주 드라마」, 『과학동아』, 1998년 2월호.
이미경, 「'시간의 미로' 함께 탐험한 천재 물리학자들」, 『한겨레』, 2019년 5월 3일.
이영완, 「사이언스지 선정 '올해의 10大 과학 뉴스'」, 『조선일보』, 2004년 12월 16일.
최성우, 「중력파, 노벨상은 더 기다려」, 『더사이언스타임스』, 2016년 10월 7일.
최영준, 「중력파 – 100년 만에 증명된 아인슈타인의 예언」, 『과학동아』, 2016년 3월 21일.
「[101년 만에 중력파 검출] 전 세계가 환호한 중력파 검출, 어떤 의미 있나」, 『동아사이언스』, 2016년 2월 12일.
「21세기판 상대성 이론 입문」, 『뉴턴』, 2004년 4월호.
「중력파」, 나무위키 검색.
「노벨상–물리학」, 사이언스올 검색.
데이비드 보더니스, 김명남 옮김, 『일렉트릭 유니버스』, 생각의나무, 2005.
레토 슈나이더, 이정모 옮김, 『매드 사이언스 북』, 뿌리와이파리, 2014.
리처드 혼·트레이시 터너, 정범진 옮김, 『기발한 지식책』, 웅진주니어, 2010.
배리 파커, 『대폭발과 우주의 탄생』, 전파과학사, 1996.
수 넬슨·리처드 홀럼엄, 이충호 옮김, 『판타스틱 사이언스』, 웅진닷컴, 2005.
스티븐 와인버그, 『처음 3분간』, 현대과학신서, 1986.
이상욱 외, 『과학으로 생각한다』, 동아시아, 2007.
이지유, 『처음 읽는 우주의 역사』, 휴머니스트, 2013.
정갑수, 『물리법칙으로 이루어진 세상』, 양문, 2007.
존 판던·앤 루니·알렉스 울프·리즈 고걸리, 김옥진 옮김, 『열정의 과학자들』, 아이세움, 2010.
하인리히 창클, 김현정·도복선 옮김, 『과학의 사기꾼』, 시아출판사, 2006.
한국과학문화재단, 『교양으로 읽는 과학의 모든 것』, 미래M&B, 2006.

아인슈타인의
상대성 이론
표절

4차원의 문을 열다

1873년 맥스웰은 전자기장 이론을 완성해 전자기파의 존재를 예언하고, 전자기파와 빛이 같은 성질이라는 이론을 지지했다. 그 후 '에테르'가 존재할 것으로 예측했지만, 마이컬슨-몰리의 실험은 에테르가 우주 공간에 존재하지 않는다는 것을 밝혔다. 그러나 마이컬슨-몰리의 측정 결과는 많은 물리학자에게 비난을 받았고, 심지어 결과를 부정당하기도 했다.

아일랜드의 물리학자 조지 프랜시스 피츠제럴드George Francis Fitzgerald, 1851~1901는 마이컬슨과 몰리의 실험 결과를 '참'으로 인정했다. 피츠제럴드는 그들의 에테르

검출 실패를 설명하기 위해, 운동하는 물체는 그것의 절대 운동 방향으로 길이가 줄어든다는 가설을 제안했다. 지구 운동과 같은 방향으로 광속을 측정하면, 측정치는 측정 기구의 수축으로 상쇄되어 지구 운동의 수직 방향으로 측정된 광속의 측정치와 같아진다는 것이다.

피츠제럴드에 따르면, 초속 11.265킬로미터로 달리는 물체는 그 운동 방향으로 10억 분의 2만큼 수축한다. 초속 11.265킬로미터면 오늘날 가장 빠른 로켓이 낼 수 있는 속도다. 다시 말하면 에테르가 존재해도 마이컬슨-몰리의 측정 방법으로는 에테르를 검출할 수 없다는 것이다.

로런츠의 상대성 이론

네덜란드의 헨드릭 안톤 로런츠Hendrik Antoon Lorentz, 1853~1928는 피츠제럴드의 원리를 토대로 더욱 놀라운 이론을 발표했다. 물체가 절대 운동의 방향으로 수축할 뿐만 아니라 그 질량도 증가한다는 것을 수학적으로 밝혔다. 이를 로런츠-피츠제럴드 원리라고 말한다.

로런츠는 “물체가 움직이면 그만큼 전자기 법칙 자체가 변하고, 그 효과로 원자 사이의 전기적인 결합 방식의 힘이 변해 물체가 정말로 수축한다”고 주장했다. 이를 ‘로런츠의 상대성 이론’이라고도 한다. 1킬로그램의 물체가 광속의 반으로 움직이면 질량이 1.15킬로그램으로 늘어나고, 광속의 4분의 3 속력으로 운동하면 1.5킬로그램 늘어나며, 광속으로 달린다면 질량이 무한대가 된다는 것이다.

로런츠는 무한대의 질량이 존재할 수 없으므로 물체의 속도는 광속보다 더 빨라질 수 없다고 생각했다. 피츠제럴드의 길이 수축과 로런츠의 질량 증가 효과는 서로 밀접하게 관련되어 있으므로 ‘로런츠-피츠제럴드 방정식’이라고 한다. 질량과 속력 사이의 관계는 다음과 같이 주어진다.

$$m = m_0(1-v^2/c^2)^{-1/2}$$

m_0는 물체의 정지 질량, m은 물체가 속력 v로 움직이고 있을 때 관찰자가 측정하는 질량이다. 속력이 광속의 절반이면 $m=1.15\ m_0$이다. 그러나 $v=c$, 즉 광속

으로 달린다면 m0=0=무한대가 된다.

1900년경 독일의 물리학자 카우프만은 로런츠-피츠제럴드 방정식이 예측한 대로 전자의 속도가 증가함에 따라 전자의 질량도 증가한다는 실험 결과를 얻었다. 그 이후에도 로런츠-피츠제럴드의 예측이 거의 완벽하다는 실험 결과가 계속 이어졌다. 로런츠의 이론은 그를 당대 최고의 물리학자로 부상시켰으며, 로런츠는 이 연구로 1902년 제2회 노벨 물리학상을 받았다.

그런데 잘 알려진 아인슈타인의 상대성 이론도 '빠른 속도로 달리면 시간이 느려진다'와 '빠른 속도로 가면 질량이 증가한다'로 대변된다. 그러므로 로런츠의 이론과 아인슈타인의 상대성 이론에서 사용한 식이 똑같다. 아인슈타인의 상대성 이론은 바로 로런츠와 피츠제럴드가 제안한 기본 이론에서 유도된 것이기 때문이다.

'상대성 이론'이라는 단어는 아인슈타인의 논문을 처음으로 인정해준 플랑크가 처음 붙였다. 그는 아인슈타인의 논문이 발표된 지 3년 후인 1908년 아인슈타인의 주장을 통칭하기 위해 '상대성 이론'이라는 이름을 붙여주었다.

여기에서 다소 의문이 생긴다. 한마디로 아인슈타인의 상대성 이론의 원전은 로런츠다. 엄밀한 의미에서 아인슈타인의 상대성 이론은 로런츠가 이미 도출했으므로, 아인슈타인은 로런츠의 상대성 이론을 표절한 셈이다. 그럼에도 현대인들이 상대성 이론이라면 아인슈타인을 거론하는 것은 이들 간에 차이가 있기 때문이다.

로런츠의 공식은 에테르가 존재한다는 것을 전제로 정지한 관측자의 입장에서 보는, 운동하는 대전 입자에 한해서 기술한 것이다. 이에 반해 아인슈타인은 에테르가 존재하지 않는다는 것을 전제로, 로런츠-피츠제럴드의 식을 보다 확대 해석해서 운동하는 관측자가 보는 모든 물체에 대해 설명했다. 아인슈타인과 로런츠 모두 똑같은 식으로 설명하지만 대전제에 차이가 분명하다.

로런츠-피츠제럴드 방정식은 일반인들에게 커다란 충격을 주지 않았지만, 아인슈타인의 이론은 충격적이었다. 아인슈타인이 운동하는 모든 물체는 속력이 증가하면 길이가 수축하고 질량이 늘어날 뿐만 아니라,

시간의 흐름도 느려진다고 주장했기 때문이다. 아인슈타인의 우주 개념은 시간과 공간을 뒤섞은 것으로, 시간과 공간이 그 자체만으로는 무의미하며 시간은 한 차원을 차지하는 4차원이라는 것이다.

결국 아인슈타인은 로런츠-피츠제럴드의 식을 자신이 구상하는 우주의 기본 틀에 적용하는 데 성공했고, 로런츠-피츠제럴드는 자신들이 유도한 공식의 중요성조차 전혀 이해하지 못했다. 로런츠는 자신이 세계를 놀라게 할 이론, 즉 '상대성 이론'을 만들었음에도 그것을 한 차원 더 높은 경지로 발전시키는 데 실패했다. 반면에 아인슈타인은 로런츠의 방정식이 가진 핵심을 알아차리고 정확하게 지적했다. 이것이 아인슈타인이 일반 과학자들에 비해 돋보이는 점이다.

물론 아인슈타인은 스스로 로런츠가 없었다면 자신의 상대성 이론은 탄생하지 않았을 것이라고 말한 적도 있다. 그리고 로런츠는 아인슈타인보다 훨씬 전에 자신이 도출한 상대성 이론으로 노벨상을 받았다. 로런츠가 제자인 피터르 제이만Pieter Zeeman, 1865~1943과 함께 1902년 노벨 물리학상을 수상해 크게 섭섭하지는 않았겠지만, 과학자들은 자신이 발견한 것의 의미와 중요성을 꿰뚫고 있어야 함을 확인시켜준다.

사실 아인슈타인이 발표한 논문은 시기적으로도 적절했다. 로런츠가 이미 상대성 이론이라는 큰 틀을 제시했으므로, 장 페랭Jean Perrin, 1870~1942 같은 다른 물리학자들이 뒤이어 아인슈타인과 동일한 논문을 발표했을 것으로 생각하기 때문이다. 특히 로런츠도 이미 상대성이란 개념을 도출한 상태이므로 자신의 부족함을 인식하고 아인슈타인과 같은 이론을 제시했을 것으로 추정한다.

그런데 당시 주력 연구계와는 전혀 다른 특허청 직원인 아인슈타인이 그런 논문을 제출했다는 것은 놀라운 일이 아닐 수 없다. 이런 발상의 전환을 물구나무서기로 보았다고 말하기도 한다. 똑같은 사안을 보아도 발상의 전환이 가능하다는 것을 의미한다. 물구나무서기를 한다고 해서 없는 것이 갑자기 나타난다는 말이 아니라, 서서 보았을 때 감지하지 못한 것을 볼 수 있다는 뜻이다. 똑같은 상대성 이론, 똑같은 수학식임에도 아인슈타인의 물구나무서기가 돋보이는 이유다.

특허청 직원이 어떻게 물리학 분야의 논문을 다섯 편이나 연달아 발표할 수 있었는지에 의문을 표시하는 사람이 많은데, 이는 당대의 특허청 업무와도 관련이 있다. 사실 아인슈타인은 모교인 취리히연방공과대학의 조교 선발에 탈락해(품행이 좋지 못하다는 평가가 원인이라는 설도 있음) 친구의 도움으로 특허청에 취직했다. 그는 30세에 그만둘 때까지 7년 동안 특허 신청에 관한 적격 여부 심사 업무를 담당했다.

당시에는 특허 신청이 그다지 많지 않으므로 바쁜 직장이 아니었지만, 스위스의 특허 심사가 다른 나라와 다소 다르다는 점이 아인슈타인에게 큰 도움이 되었다. 대부분의 나라에서는 특허 심사 기준을 '지금까지와 다른 것'에 두었지만, 스위스에서는 '뛰어난 것'에 주안점을 두었다. 그러므로 스위스에서는 특허를 신청해도 그 내용이 이전보다 뛰어나지 않으면 받아들이지 않았다.

아인슈타인은 특허 심사라는 단조로운 지적 노동을 통해, 독창적인 이론 형성에서 '무엇이 중요하고, 무엇이 가치 없는가'를 판단하는 직관과 통찰력을 자신도 모르는 사이에 익혔다고 본다. 1905년은 26세의 아인슈타인이 특수 상대성 이론, 광양자설, 브라운 운동을 발표해 '기적의 해'로 불리기도 한다. 아인슈타인이 발표한 세 분야는 당시 세계의 물리학계에서 가장 주목하는 연구 분야였다. 한마디로 아인슈타인은 특허청에서 당대 최고 수준의 중요 관심사만 집중 연구할 수 있는 유리한 위치에 있었다. 이것은 그가 남다른 직관을 가진 특허청 공무원이었기에 가능했으며, 무엇보다 업무량이 적었다.

늦게 출발한 사람이 성공하기 위해서는 연구 분야를 잘 선택해서 집중적으로 노력해야 한다. 이러한 조건은 오늘날에도 통용됨은 물론이다. 집중해서 생각하고 최첨단의 정보를 철저하게 음미하면서 한 마리의 토끼를 끝까지 쫓아가 잡는 것이 중요한데, 아인슈타인은 그걸 선용해 세기의 과학자로 급부상했다.

참고문헌

장회익, 「절대시간은 없고 거꾸로 흐르지 않는다」, 『과학동아』, 1998년 2월호.

야마다 히로타카, 이면우 옮김, 『천재 과학자들의 숨겨진 이야기』, 사람과책, 2002.

이세용, 『내가 가장 닮고 싶은 과학자』, 유아이북스, 2017.

이종호, 『노벨상이 만든 세상(물리)』, 나무의꿈, 2007.

이종호, 『천재를 이긴 천재들』, 글항아리, 2007.

정은성, 『초딩도 아는 상대성 이론』, 민영과학사, 2013.

피터 메시니스. 이수연 옮김, 『100 디스커버리』, 생각의날개, 2011.

‘생애 최대의 실수’

우주와 세계대전에서 대폭발

천하의 아인슈타인이 생전에 스스로 두 가지 큰 실수를 했다고 공개한 것은 잘 알려진 사실이다. 하나는 현재까지도 과학계에서 논란이 되는 것으로, 아인슈타인이 일반 상대성 이론을 발표한 직후 학계의 여러 가지 지적에 부응해 나름대로 고심해서 첨가한 우주 상수에 대한 이야기다.

다른 하나는 아인슈타인이 당시 미국 대통령 프랭클린 루스벨트에게 원자폭탄을 독일의 아돌프 히틀러보다 먼저 개발해야 한다고 촉구한 편지다. 아인슈타인은 루스벨트에게 독일이 원자폭탄을 먼저 개발하면 제

2차 세계대전의 결과를 예측할 수 없다고 설명했고, 미국은 맨해튼 프로젝트를 발족시켰다.

물론 아인슈타인은 미국의 원자폭탄 개발에는 일절 관여하지 않았다. 하지만 미국은 원자폭탄을 곧바로 개발해 일본 히로시마와 나가사키에 투여했다. 이 일로 일본이 곧바로 항복해 태평양전쟁은 종식되었다. 아인슈타인은 원자폭탄의 위력에 놀라 자신이 루스벨트에게 보낸 편지에 서명했다는 것을 최대의 실수라고 말했다.

우주 상수

아인슈타인은 자신이 1916년에 발표한 일반 상대성 이론의 방정식이 우주가 팽창하거나 수축한다는 것을 암시한다는 지적을 받고 놀라지 않을 수 없었다. 천하의 아인슈타인이지만 자신이 전혀 생각하지 못한 팽창이라는 단어들이 나타나자, 재빨리 상대성 이론을 수정해 우주 상수 도입에 들어갔다.

아인슈타인이 우주 상수를 도입한 것은 아주 간단한 생각에서였다. 뉴턴은 우주의 기본이 만유인력이라고 생각하면서, 우주에 별이 많은데 왜 서로 끌어당겨 부딪치지 않을까 하고 의문을 품었다. 그의 결론은 우주의 별들이 바둑판에 놓인 것처럼 일정한 간격을 두고 무한히 퍼져 있어서 인력이 상쇄되어 우주가 축소되지 않고 계속 균형을 유지한다는 것이었다.

그러나 이 생각은 만약 거대한 무언가가 어느 별을 살짝 건드리기만 해도 균형이 깨지면서 모두 부딪치는 상황이 될 수 있다는 점에서 문제가 있었다. 그럼에도 학자들이 뉴턴의 생각에 의문을 갖지 않은 것은 20세기 초반만 해도 우주가 아슬아슬한 평형 상태에 있다고 생각했기 때문이다.

아인슈타인도 그런 시대에 살고 있었지만 상대성 이론을 도출한 후 우주에 대해 진지하게 생각하면서 뉴턴의 의문을 다시 떠올렸다. 현재 우주가 균형을 잘 잡은 완벽한 공간으로 보이는데, 상대성 이론으로는 이러한 완벽한 우주를 표현할 수 없었다.

당시 아인슈타인이 알고 있던 우주 공간에 대한 정보라고 해봐야 지금으로 보면 그야말로 수준 이하일 수 있다. 아인슈타인은 우주가 138억 광년이나 되는 거대한 공간이라는 것을 몰랐고 우주에 우리 은하 외에도

© ESA/Hubble & NASA

우주의 은하.

수많은 다른 은하가 있다는 것도 몰랐다. 또 은하와 은하 사이에 엄청나게 큰 빈 공간이 있다는 것도 몰랐다. 당시 지구인들이 알고 있는 우주는 10만 광년 크기의 우리 은하뿐이었다.

아인슈타인은 상대성 이론으로 볼 때 우주가 축소되어야 한다면 이미 우주가 비극으로 끝났어야 한다고 생각했다. 그런데 인간들이 우주 안에서 멀쩡히 살고 있으므로 자신의 방정식에 문제가 있다고 생각할 수밖에 없었다. 아인슈타인은 1917년, 즉 1916년에 일반 상대성 이론을 발표한 다음 해에 팽창하지 않는 우주 모형인 정적 우주론의 개념을 설명하기 위해 일반 상대성 이론에 우주 상수 항을 추가했다.

우주항宇宙項은 물질들을 떼어놓는 힘인 '반발력'을 공간이 가지게 하는 효과가 있다. 우주항의 존재는 진공에도 에너지가 존재한다는 것을 의미한다. 그 수치는 우주가 팽창해도 변하지 않고 우주의 모든 곳에서 일정하다. 그 경우 현재 우주 공간의 에너지 밀도는 물질의 에너지 밀도와 진공의 에너지 밀도를 합한 것이 된다.

가장 일반적인 우주 모델에서는 물질끼리 잡아당기는 인력 때문에 팽창 속도가 감속되고, 우주 나이는 허블 상수*의 역수의 3분의 2가 된다. 그러나 우주항을 도입한 우주 모델에서는 물질끼리 서로 잡아당기는 힘과 진공이 밀어내는 힘이 균형을 이루면서 팽창 속도가 느려진다.[10)]

그런데 벨기에 신부이자 물리자인 조르주 앙리 조제프 에두아르 르메트르Georges Henri Joseph Édouard Lemaître, 1894~1966는 2년 동안 연수차 미국에 도착해, 약 10년 전인 1912년 베스토 멜빈 슬라이퍼Vesto Melvin Slipher, 1875~1969가 성운의 분광 사진에서 적색편이를 발견하고 이를 어떻게 해석해야 하는지를 몰라 고민하고 있다는 것을 알았다. 에드윈 파월 허블Edwin Powell Hubble, 1889~1953이 안드로메다가 우리 은하와 전혀 다른 외부 은하라는 것을 발표한 후다.

르메트르는 슬라이퍼가 고민하는 이 내용에 집중했다. 제일 먼저 우리 은하 밖에 있는 천체들이 지구에서 멀어진다는 것이 이상했다. 르메트르는 유럽에서 아인슈타인 방정식을 풀 때, 이 방정식이 팽창하는 우주를 설명한다고 생각했다. 그가 보기에 슬라이퍼의 관측

* 허블 상수는 우주 공간의 팽창률을 나타내는 수치이다.

자료, 즉 멀어져가는 외부 은하는 바로 '팽창하는 우주'를 설명하는 증거였다.

르메트르는 미국에서 2년간 연수를 끝낸 후 1925년 벨기에로 돌아와 '팽창하는 우주'라는 자신만의 우주 모형을 만들어 논문으로 작성했다. 논문의 주제는 다음과 같다.

> "공 모양의 우주가 안정된 상태에 있다가 빠르게 팽창하고, 어느 순간 별과 은하가 생기기 시작했다. 그 무렵 팽창이 멈추었다가 다시 빠르게 팽창해서 결국 물질이 없는 우주에 도달했다."

이 논문이 바로 아인슈타인의 일반 상대성 이론의 틀 안에서 은하의 후퇴를 설명하는 빅뱅Big Bang 이론이다.

1929년 허블이 우주가 팽창하고 있다는 직접적인 증거를 찾아냈다. 허블은 외부 은하에 있는 세페이드 변광성*을 이용해 외부 은하까지의 상대적인 거리를 측정하고, 외부 은하의 적색편이 정도를 세밀하게 측정했다. 그는 무려 마흔여섯 개에 달하는 외부 은하를 관측해 분석했는데 그 결과는 놀라웠다. 허블이 보기에는 외부 은하들이 제 마음대로 우리 은하와 멀어지는 것이 아니라 어떤 규칙이 있는 것 같았다. 어떤 은하가 다른 은하보다 두 배 멀리 있다면 멀어지는 속도가 두 배였고, 세 배 멀리 있다면 멀어지는 속도가 세 배로 빨랐다. 한마디로 멀어지는 속도에 수학적 규칙이 있다는 것이다.

허블은 우주 공간이 얼마나 빠르게 팽창하는지를 간단한 직선 방정식으로 표현했다. 이것이 세계적인 명성을 얻은 '허블의 법칙'이며, 직선의 기울기가 '허블 상수'이다.

아인슈타인이 말한 최대의 실수

우리 은하 밖에 있는 은하들이 멀어져가고 있다는 사실을 파악하자 학자들의 관심은 우주가 어떻게 시작됐는지로 쏠렸다. 이 문제에 답은 어렵지 않게 도출된다. 마구 멀어지는 외부 은하들을 다시 모이게 하려면

---

* 세페이드 변광성은 별이 주기적으로 팽창과 수축을 반복해 별의 밝기가 변하는 맥동 변광성 중에서, 변광 주기가 1~50일 사이의 별을 일컫는다. 상대적으로 매우 밝아서 멀리 떨어진 거리에서도 관측이 가능하다.

시간을 거꾸로 돌리기만 하면 되기 때문이다.

허블은 이런 내용을 주제로 1929년 「은하-외부 성운들의 거리와 시선 속도 사이의 관계에 관하여」라는 제목의 논문을 발표했다. 1931년에는 더욱 멀리 있는 외부 은하와 시선 속도를 관측해 허블의 법칙을 보완했다. 먼 거리에 있는 외부 은하들을 그의 방정식에 대입하자 시선 속도와 거리의 관계가 말끔한 직선이 되었다.

이 식의 중요성은 기울기에 해당하는 허블 상수만 제대로 구하면 우주의 나이도 구할 수 있다는 점이다. 1931년 허블이 발표한 허블 상수는 558킬로미터/초/Mpc(1Mpc=300만 광년)이었다. 이 허블 상수가 수많은 논란의 대상이 되었는데, 현재의 허블 상수는 수많은 수정을 거쳐 70킬로미터/초/Mpc로 설명된다.

한편 르메트르는 1927년 발표한 논문에서 '은하-외부 성운'이란 말을 사용했고, 우주가 팽창함에 따라 성운들은 초속 625킬로미터로 후퇴한다고 주장했다. 아인슈타인이 1917년 우주 상수를 도입했을 때는 허블이 우주가 팽창한다는 것을 발표하기 전이다. 그러나 허블이 1929년과 1931년 우주가 팽창한다는 결정적인 증거를 내놓자 아인슈타인에게 치명타가 터진다.

1931년 2월 아인슈타인은 윌슨산천문대에서 기자들에게 다음과 같이 말했다.

> "나는 허블의 관측 기록을 받아들이며, 나의 정적인 우주 모형이 틀렸고 프리드만과 르메트르의 팽창하는 우주 모형이 합당하다고 생각합니다."

더불어 자신이 우주를 꼼짝하지 못하게 만들려고 우주 상수를 추가한 것이야말로 일생일대의 최대 실수라고 첨언했다.

빅뱅의 완벽한 승리

1904년 러시아 출신의 미국 물리학자 조지 가모프George Gamow, 1904~1968는 우주가 팽창한다는 것이 영화 필름을 거꾸로 돌리는 것과 같다고 비유했다. 그는 과거로 거슬러 올라가면 먼 은하일수록 더 빨리 우리에게 접근해, 어느 시점에 이르면 모든 은하가 한곳에 모인다는 점에 주목했다. 결국 과거에는 우주가 현재보다 작았다는 이야기로, 우리 우주에는 분명히 '시초'가 있

었다는 것이다. 여기에서 주의할 것은 우리 은하가 우주의 중심이라는 뜻이 결코 아니라는 사실이다.[11)]

가모프는 자신의 생각을 정리해 1947년 대폭발 가설을 발표했다. 대폭발 가설은 태초의 우주는 밀도가 엄청나게 크고 뜨거웠는데, 대폭발로 현재의 우주가 생성되었다는 이론이다. 물질이 한 점에 모여 있다가 언젠가 대폭발을 일으켜 '팽창 우주'가 됐다는 것이다. 한마디로 약 138억 년 전 한 특이점에서 대폭발, 즉 빅뱅이 일어나 현재와 같은 우주로 진화했다는 설명이다.

가모프의 빅뱅 이론은 20세기 천문학계를 가장 뜨겁게 달구었다. 일반인들은 어떻게 우주의 모든 물질이 한곳에 다 모여 있느냐고 갸우뚱했는데, 가모프는 명쾌하게 설명했다. 태초의 알은 고온과 밀도를 갖는 특이점singlularity일 수밖에 없다고 주장했다. 여기서 특이점이란 현대 물리학으로는 도저히 알 수 없는, 마치 수학에서 분모가 0이 되는 점과 같이 난해하지만 우주가 팽창한다는 것을 생각하면 이해하는 것이 그렇게 어렵지 않다는 내용이다.

빅뱅 이론이 등장하자 천문학계는 온통 술렁거렸으며, 우주가 한 점에서 시작되었다는 가설은 사람들의 조롱을 받기 십상이었다. 영국의 천문학자 프레드 호일 Fred Hoyle, 1915~2001은 빅뱅 이론에 발끈해 빅뱅의 모순점을 거론하며, 우주가 시간과 공간과 관계없이 변하지 않는다는 '정상 우주론Steady State theory'을 주장했다. 정상 우주론은 천하의 아인슈타인도 동조한 사항이다. 그런데 상대성 이론에 따르면 우주가 팽창한다는 내용이 들어 있다고 지적하자 아인슈타인은 이를 정상 우주론으로 설명하기 위해 우주 상수를 도입했다.[12)]

빅뱅의 창시자로도 설명되는 가모프는 빅뱅 이론을 논리와 달변으로 설명하면서 정상 우주론을 공격했다. 현 우주에서 우리 눈에 보이는 물질 가운데 약 4분의 3은 수소이며, 나머지 약 4분의 1은 헬륨이다. 그런데 헬륨이 핵융합으로 생성되려면 온도가 최소한 1000만 도 이상이어야 한다. 가모프는 헬륨이 수소의 3분의 1가량이나 존재한다는 사실은 우주가 태초에 엄청난 고온에서 시작됐다는 증거라고 설명했다. 가모프는 이를 정리하면서 현 우주에 빅뱅 후 출발한 우주 배경 복사cosmic background radiation가 우리 주위에 수없이 있다고 주장했다. 한마디로 이를 검증하면 빅뱅이 옳다는 것을 확인할 수 있다는 것이다.

놀랍게도 1965년 벨연구소의 아노 앨런 펜지어스 Arno Penzias, 1933~와 로버트 우드로 윌슨Robert Woodrow Wilson, 1936~이 바로 이 배경 복사를 찾아냈다. 폭발 이론에 따르면 이 복사의 온도가 대략 3K쯤 될 것이라 예측했는데, 2.7K의 우주 배경 복사를 발견한 것이다. 펜지어스와 윌슨의 발견은 곧바로 정상 우주론에 큰 타격을 주었고, 두 사람은 1978년 노벨상을 받았다.

빅뱅의 행보는 계속되어 2006년 우주 배경 복사의 흑체 복사 스펙트럼과 약한 비등방*을 발견한 업적으로 존 크롬웰 매더John Cromwell Mather, 1946~와 조지 피츠제럴드 스무트 3세George Fitzgerald Smoot III, 1945~가 노벨상을 수상했다. 2011년에는 더욱 놀라운 연구로 노벨 물리학상을 수상했다. 수상자는 SN1a라고 불리는 초신성을 연구한 학자들로 솔 펄머터Saul Perlmutter, 1959~와 브라이언 폴 슈밋Brian Paul Schmidt, 1967~, 애덤 가이 리스Adam Guy Riess, 1969~다. 우주의 기본을 다루는 이들은 우주의 가속 팽창이 사실임을 밝혀 노벨상을 받았다. 한마디로 우주의 기원은 빅뱅이라는 뜻이다.

---

* 비등방은 어떤 물체 안에서 방향에 따라 물체의 성질이 다른 것을 말한다.

노벨상 수상자들의 이러한 업적은 빅뱅이 부동의 이론으로 거듭났음을 뜻한다. 이제 빅뱅은 더 이상 이론이 없는 우주의 기원으로, 현재 대부분의 교과서에 빅뱅을 '참'으로 설명한다.

우주론 다시쓰기

빅뱅과 한 치의 양보도 없이 혈투를 벌였던 정상 우주론은 폐기 처분될 궁지에 몰렸고 세계의 교과서는 빅뱅이론으로 점철되었다. 그런데 보다 발달된 천문 측정 장치가 가동되기 시작하자 빅뱅으로 모든 것이 말끔하게 설명되지 않았다. 한마디로 블랙홀 등을 연구할수록 보다 많은 문제점이 생긴다는 것이다.

최근의 최첨단 측정 자료에 따르면, 현 우주는 계속 가속적인 팽창을 하고 있는데, 이것이 '참'이라면 아인슈타인이 자신의 최대 실수로 지적한 우주항이 존재해야 한다는 설명이다. 빅뱅과 정상 이론이 혼재한다는 것인데, 여기에는 암흑 물질과 암흑 에너지dark energy가 등장한다. 큰 틀에서 그동안 제기되었던 우주의 기원을 원천적으로 다시 살펴봐야 할 정도로 심각한 문제점을 제기한다는 뜻이다. 현재까지 도출된 자료를 기본으로 새로운 각도의 우주론을 설명한다.[13)]

암흑 물질

빅뱅이 주도권을 잡아가는 상황에서 학자들이 지적하는 가장 큰 의문은 우주의 나이에 따른 진화다. 우주 나이가 10만 년일 때 존재하는 우주 요동이 있으려면 현재 알려진 138억 년으로는 턱없이 부족하다는 점이다.

라대일 교수는 통계적으로 볼 때 현재 은하까지 발전하려면 최소한 100조 년 정도의 세월이 흘러야 한다고 말한다. 라 교수는 은하들이 100조 년이 아닌 138억 년 정도에 탄생할 수 있다는 주장은 마치 '정상적으로 9개월이 걸리는 아기를 단 30분 만에 태어나게 할 수 있다'고 주장하는 억지라고 설명했다.

이 문제는 현재 천문학자들 사이에 첨예하게 대치하고 있는 주제다. 이를 '우주 광역 구조 형성에 관한 문제the structure formation problem'라고 한다.[14)] 그런데 우주의 나이가 적어도 1조 년이라는 단위를 넘어야 빅뱅 big bang이 계속 반복돼 일어난다고 주장하면, 빅뱅 자체를 엉망으로 만드는 것임은 틀림없다.

이 문제를 해결하는 방법으로 제시된 것은 다소 생소하다. 우리가 알고 있는 빅뱅은 가장 최근에 일어난 폭발이며, 빅뱅 이후 물질은 무한한 공간으로 끝없이 퍼져 나간다는 설명이다. 이론물리학자 닐 투록Neil Geoffrey Turok은 "시간은 빅뱅 이전에도 있었다. 우주는 무한히 오래됐고 무한히 거대하다"고 말했다. 폴 스타인하트Paul Joseph Steinhardt도 "지금까지의 이론. 즉 빅뱅이 옳다는 증거가 없다"고 주장했다.

물론 미국 터프츠대학교 알렉산더 빌렌킨Alexander Vilenkin 교수는 "투록 교수 등의 가설은 우주의 형태를 확실하게 예측하지 않고 애매모호한 값을 제시하기 때문에 검증하기 힘들다"는 견해를 밝혔지만 우주의 나이를 100억 년대에서 1조~100조 년으로 올려야 한다는 문제는 우주의 시원을 밝히는 문제가 얼마나 험난할지를 보여준다.[15)]

여기에서 또 다시 아인슈타인 문제가 등장한다. 일반 상대성 이론은 우주가 팽창하거나 수축하고 있다는 것을 암시했다. 이 결론에 만족하지 못한 아인슈타인은 팽창도 수축도 하지 않고 영원히 변화하지 않는 우주 모델을 만들려고 했다. 그러나 그런 우주는 물질끼리의 중력에 의해 수축해 축소된다. 그러므로 그는 '우주항'을 첨가하면서 방정식을 변환시키는 우주 모형을 제안했다. 그런데 아인슈타인은 허블이 우주가 동적으로 팽창하고 있다는 것을 발견하자 '우주항의 도입은 인생 최대의 실수였다'고 하며 우주항을 부정했다.

천문학계에서도 이단아가 나오는데 프리츠 츠비키Fritz Zwicky, 1898~1974는 1933년 '코마'라는 거대 은하단을 관측하던 중에 기이한 현상을 발견했다. 은하의 질량을 바탕으로 계산한 것보다 은하들이 100배나 빠른 속도로 움직이고 있었다. 그는 그 정도로 빠르다면 은하들이 무리 짓지 못하고 뿔뿔이 흩어진다고 생각했다. 비 오는 날 우산을 쓰고 가다가 우산 손잡이를 돌리면 물방울이 사방으로 튀는 것과 같은 이치다.

츠비키는 은하단 중심 둘레를 공전하는 은하들의 속도가 너무 빨라, 눈에 보이는 코마 은하단 질량의 중력만으로는 이 은하들의 운동을 붙잡아둘 수 없다고 생각했다. 그의 생각은 간단하다. 은하가 이렇게 빠른 속도라면 은하들은 튕겨 나가고 은하단은 해체되어야 함에도, 그렇지 않은 것은 중력이 훨씬 큰 어떤 것이 은하단에 있어 이것이 은하가 빠른 속력에도 탈출하지 못하도록 붙들고 있다는 것이다.

한마디로 츠비키는 은하단이 유지되려면 '보이지 않는 물질'의 중력이 더 있어야 한다는 가설을 제시하면서 '암흑 물질'을 제기했다. 외부 은하 사이사이에 검은 바탕을 배경으로 보이지는 않지만, 그 물질들이 중력이라는 힘으로 외부 은하들을 조종하고 있다는 것이다.

과거에 전혀 등장하지 않았던 단어가 암흑 물질과 암흑 에너지이다. 많은 사람이 이 둘을 혼동한다. 둘 다 이름에 암흑이 들어가므로 둘을 구분 없이 섞어 쓰기도 하는데, 이 둘은 완전히 다른 개념이다. 천문학자 지웅배의 글을 상당 부분 인용해 설명해본다.

우선 물질이라 하면 질량을 연상하는데 은하의 질량을 어떻게 재는가가 관건이다. 거대한 은하를 저울 위에 올릴 수는 없다. 저울이 없지만 천문학자들은 크게 두 가지 방법으로 은하의 질량을 구한다.

첫째, 은하가 얼마나 밝은지 전체 밝기를 보고 별들이 얼마나 많이 모여 있는지를 파악하는 방법이다. 마치 샹들리에 전체 밝기를 보고 전구가 대략 몇 개인지를 파악하는 것과 같다. 이렇게 추정한 질량을 밝기 질량, 광도 질량이라고 한다.

둘째, 은하의 중력에 붙잡혀 궤도를 돌고 있는 은하 속 별의 움직임을 관측하는 것이다. 각각의 별이 ㄹ뿐더러얼마나 빠르게 궤도를 돌고 있는지를 살펴보면, 그 별을 붙잡고 있는 은하 전체의 중력을 파악할 수 있으며 필요한 은하의 전체 질량도 파악할 수 있다. 이렇게 구한 질량을 중력 질량, 역학적 질량이라고 부른다.

상식적으로 생각하면 동일한 은하의 광도 질량과 역학적 질량은 같아야 한다. 방법만 다를 뿐 똑같은 은하의 질량을 재었기 때문이다. 그런데 분명 똑같은 은하의 질량을 방법만 달리해서 측정했는데도 두 값이 상당히 달랐다. 평균적으로 은하의 광도 질량에 비해 역학적 질량이 4~5배 더 무거웠다.

측정이 정확하다면 이것은 빛을 내지 않는 어둠의 질량이 존재한다는 것을 의미한다. 학자들은 은하의 밝기만으로는 알 수 없는, 은하 속 미지의 질량이 바로 암흑 물질이라고 말한다. 여기에서 암흑 물질은 빛을 내지도 않고 흡수하지도 않으므로 오직 중력으로만 그 존재를 알 수 있다.

암흑 물질, 즉 '눈에 보이지 않는 질량Invisible matter'을 처음으로 주장한 사람이 바로 스위스의 괴짜 천문학자 프리츠 츠비키Fritz Zwicky, 1898~1974다. 암흑 물질DAMA에 '암흑' 글자가 붙은 것은 빛을 내지 않을뿐더러, 전파·적외선·가시광선·자외선·X선·감마선 등과 같은 전자기파로도 관측되지 않기 때문이다. 이 오리무중의 물질은 오로지 중력을 통해서만 존재가 인식된다. 이에 따르면 은하 중심에서 먼 곳의 별은 회전 속도가 느려야 하는데, 그렇지 않고 속도가 중심에 가까운 별들과 비슷하다. 이는 눈에 보이지 않는 질량이 존재하기 때문이라는 것이다.

츠비키는 겉으로 보이는 별과 가스 물질만으로 설명할 수 없는 은하와 은하단의 지나치게 강한 중력을 설명하기 위해 암흑 물질을 도입했다.[16] 그러나 1930년대의 암흑 물질은 과학계의 이단아 츠비키의 작품이라는 악명 탓에 완전히 잊힌 불량 가설이 되고 말았다. 이렇게 츠비키의 암흑 물질이 완전히 사장되어 가나 했는데, 극적으로 부활한다.

놀랍게도 빅뱅의 주창자 가모프의 제자였던 베라

쿠퍼 루빈Vera Cooper Rubin, 1928~2016이 이를 살려냈다. 베라 루빈은 보수적인 남자 과학자들에게 둘러싸여 온갖 불리한 조건에서도 천문학에 투신한 여성이다.

루빈은 1970년대에 안드로메다은하에 있는 별들의 운동을 관측하다가 매우 흥미로운 사실을 발견했다. 은하 중심부에 있는 별과 나선팔에 있는 별의 속력이 거의 같았다. 상식대로라면 나선팔의 별들이 은하 밖으로 튕겨져 나가야 하는데도 별들이 나선팔에 단단히 박힌 채 공전하고 있었다. 루빈은 은하 바깥쪽의 별들이 은하 중심 둘레를 공전하는 속도가 거리가 멀어져도 줄지 않는다는 사실에서 이토록 빨리 움직이는 별들을 붙잡아 둘 암흑 물질이 은하에 존재해야 함을 밝혔다. 한마디로 은하가 그동안 알던 것보다 훨씬 무겁다는 것이다.[17)]

과거로 거슬러 올라갈수록 우주의 팽창 속도가 느려진다는 것은 우주가 현재 크기로 될 때까지 허블 상수에서 추정하는 것보다 시간이 더 걸렸다는 뜻이다. 그런데 중력에 의해 감속되어야 할 팽창 속도가 가속되고 있다는 것은 중력에 반발하는 척력斥力이 있다는 것을 뜻한다.

학자들은 이 척력의 유력한 후보로 공간끼리 반발하는 힘인 진공 에너지를 거론한다. 이것은 완전히 빈 공간으로 생각되는 진공이 에너지를 갖는다는 뜻이다. 바로 아인슈타인의 이론 중에서 틀렸다고 유일하게 지적된 우주항이 옳을지도 모른다는 것이다.

일본 과학자들이 컴퓨터 시뮬레이션을 이용해 관찰한 은하 2400만 개에 관한 자료를 모델로 만들었다. 이들은 암흑 물질이 각 은하들에서 은하 사이 우주까지 뻗어 있고, 부근의 다른 은하들에서 나오는 암흑 물질과 겹쳐지면서 우주 전체를 감싸는 그물망을 형성한다고 발표했다. 특히 은하들은 다른 은하들로부터 수백만 광년의 거리를 두고 분리된 뚜렷한 테두리 안의 한정된 영역이 아님을 보여주었다. '은하 사이 우주'라는 용어 자체도 맞지 않는다는 것이다.

과학자들은 암흑 물질이 윔프WIMP, Weakly Interacting Massive Particles, 즉 약하게 상호작용하는 질량이 큰 입자로 이루어졌을 것으로 추정한다. 윔프가 질량은 상대적으로 무겁지만, 상호작용을 아주 약하게 하는 물질이라는 것이다. 이 이론은 바로 한국의 천재 과학자로 알려진 이휘소1935~1977 박사가 제기했다. 윔프는 전자기적 상호작용을 하지 않는 암흑 물질의 정체라고 생각하는데, 질량이 양성자의 몇 배이며 중력과 약한 원자력을 통해서만 상호작용을 한다.[18)]

암흑 물질의 검증이 만만치 않은데, 2011년 국제우주정거장ISS에 설치된 알파자기분광계AMS가 암흑 물질의 흔적을 발견했다고 발표했다. AMS는 세계에서 가장 정밀한 입자 물리 분광계로 알려지는데, 2011년 ISS 외부에 설치됐다. 프랑스와 스위스 국경에 위치한 유럽입자물리연구소CERN에서 AMS가 2011년 우주정거장 설치 후 약 1년 반 동안 약 40만 개의 양전자를 포착했다고 밝혔다.[19)]

암흑 에너지

아인슈타인은 1915년 일반 상대성 이론을 발표한 후에 우주가 팽창하거나 수축해야 함을 인식했다. 그는 우주 크기가 일정해야 한다고 판단해, 우주에 작용하는 중력과 균형을 이루는 서로 밀어내는 힘, 즉 척력이 필요하다고 생각했다. 그래서 자신의 수식에 그 척력을 나타내는 우주 상수를 집어넣었다. 우주 상수는 우주의 팽창 속도를 줄여 안정된 우주를 만드는 역할을 했다. 하지만 허블의 관측으로 우주가 팽창한다는 사실이 알려지자 아인슈타인은 자신의 우주 상수를 폐기했다.

여기서 역전이 일어난다. 미국의 솔 펄머터와 애덤 리스, 오스트레일리아의 브라이언 슈미트가 각각 독립적으로 우주의 팽창 속도를 관측한 후, 1998년 우주의 팽창 속도는 느려지는 것이 아니라 빨라지고 있다고 발표했다. 그들은 현재 우주가 70억 년 전보다 약 15퍼센트나 더 빨리 팽창하고 있다고 설명했다.

노벨상위원회는 이들의 공로를 인정해 예상보다 빠르게 2011년 노벨 물리학상 수상자로 선정했다. 이들의 연구 결과와 노벨상 수상은 세상을 놀라게 했다. 그동안의 우주 연구를 원천적으로 재검토해야 할지도 모른다는 것을 시사했기 때문이다. 세 수상자는 우주가 점점 더 빠른 속도로 팽창하는 중이며, 암흑 에너지라는 특별한 형태의 에너지가 팽창 속도를 높이고 있음을 확실하게 제시했다.

그런데 암흑 에너지로 노벨상을 받았음에도, 우주를 구성하는 데 큰 부분을 차지하는 암흑 에너지의 정체는 정확하게 알지 못한다. 이제 천문학자들은 우주에 정체불명의 암흑 에너지가 72퍼우주 상수센트, 암흑 물질이 24퍼센트, 그리고 우주를 구성하는 일반 물질이 4퍼센트에 지나지 않는다는 점에 이의를 제기하지 않는다. 자료에 따라 이들 수치가 약간씩 다르기는 하지만 우주의 전체 질량 가운데 95퍼센트가량을 아직 인류는 물리학적인 특성조차 파악하지 못하고 있다는 뜻이다.

암흑 에너지는 최근의 연구로 도출된 내용이다. 천문학자들은 우주의 가속 팽창이 오랫동안 지속되려면, 우주를 수축시키려고 하는 중력에 대항하는 또 다른 미지의 에너지가 분명히 있다면서 반중력 에너지를 가정했고, 이것이 암흑 에너지다.

암흑 물질과 암흑 에너지를 혼동하지 않기 바란다. 이를 특별히 강조하는 것은 암흑 물질과 암흑 에너지가 우주의 진화에 작용하는 방식이 완전히 다르다는 것을 이해할 이유가 있어서다.

암흑 물질은 질량을 가진 물질 덩어리인데, 다른 일반적인 물질과 전자기적 상호작용은 하지 않지만 중력으로 서로 끌어당길 수 있다. 암흑 물질의 강한 중력 덕분에 빠르게 맴도는 은하 속 별들이 은하 바깥으로 날아가지 않고 견고하게 붙어 있다. 즉, 암흑 물질은 강한 중력으로 우주의 팽창을 더디게 만드는 브레이크 역할을 하는 셈이다. 암흑 에너지는 이와 정반대다. 암흑 에너지는 중력에 대항해서 우주 시공간을 더 빠르게 팽창시키는 역할을 한다.

상식적으로 생각할 때 서로 상반되는 에너지가 우주에 있다는 것이 이해되지 않으므로 현재도 암흑 에너지에 대해 반론이 없는 것은 아니다. 일부 학자들은 암흑 에너지를 부정하는데 그들은 암흑 에너지라는 개념을 억지로 도입하지 않아도, 밀도density 안의 변이variations, 불균등성inhomogeneities과 같은 물리학적인 개념들로 우주 팽창을 충분히 설명할 수 있다고 지적한다.[20]

아인슈타인이 처음 우주 상수 개념을 도입한 이유는 은하 사이의 중력으로 우주가 붕괴하는 것을 막기 위해서였다. 이에 반해 암흑 에너지는 우주의 가속 팽창을 설명하기 위해 도입한 것이다. 학자들에 따라 우주 상수가 암흑 에너지를 수학적으로 설명하기 위해 도입한 암흑 에너지의 후보 가운데 하나라고 설명하기도 하는데, 이는 암흑 에너지가 우주 상수의 형태로 존재

할 가능성이 높다는 뜻이기도 하다.[21)]

학자들은 뒤늦게 아인슈타인이 일반 상대성 이론에서 자신의 최대 실수라고 말한 우주 상수를 다시 꺼내어 계산했다. 그랬더니 우주 상수가 우주를 정적으로 만들 임계밀도가 70퍼센트였다. 관측치와 계산치가 거의 일치하고, 인플레이션 이론을 만든 앨런 하비 구스Alan Harvey Guth, 1947~가 예견한 값과 잘 맞으므로 '역시 아인슈타인'이라는 말이 나왔다. 문제는 암흑 에너지가 어떤 원리로 팽창하는 우주를 만드는지는 아직 모른다는 점이었다. 한마디로 그때까지 암흑 에너지의 존재가 입증되지 않았다는 것이다.

이런 우려를 잠재우듯이 2003년 2월 나사가 암흑 에너지의 존재를 뒷받침해주는 우주의 초기 모습을 공개했다. 이 사진은 나사의 '우주배경복사 탐사선WMAP'이 12개월 동안 빅뱅의 흔적인 우주 배경 복사를 관측한 것이었다. WMAP가 담은 초기 우주는 빅뱅이 일어난 지 38만 년밖에 지나지 않은 것이다. 현재의 우주 나이도 138억 년으로 제시했는데, 우주를 80세 인간 노령자로 본다면 38만 년이란 태어난 날과 같을 정도로 초기에 해당한다.

암흑 에너지의 존재를 뒷받침하는 또 다른 관측 결과도 있었다. 국제 연구 프로젝트로 우주지도 작성을 목표로 하는 '슬론 디지털 전천 탐사Sloan Digital Sky Survey, SDSS'는 우리 우주에 있는 은하 25만 개의 분포를 분석해 암흑 에너지가 존재해야 한다고 발표했다. 다소 헷갈리는 이야기인데, 이 대목에서 과학자들은 암흑 에너지를 공간 그 자체가 가진 에너지라고 생각한다. 그래서 우주가 팽창해 공간이 확대되어도 항상 같은 밀도의 암흑 에너지가 존재할 수 있다고 설명한다.[22)]

2023년 2월 미국 하와이대학교의 크리스 피어슨Chris Pearson은 암흑 에너지의 기원에 대한 첫 번째 증거인 블랙홀을 발견했다고 발표했다. 피어슨 팀에 따르면, 블랙홀은 두 가지 방식으로 질량을 얻는다. 가스의 강착과 다른 블랙홀과의 합병이다. 피어슨은 휴면 중인 거대 타원 은하에서 90억 년 된 블랙홀의 진화 과정을 연구한 결과, 블랙홀이 이 두 가지 성장 방법을 기반으로 하는 것보다 질량이 훨씬 더 크다는 것을 발견했다고 밝혔다. 이는 블랙홀이 질량을 얻는 또 다른 방법이 있음을 의미한다.

피어슨은 그 답으로 진공 에너지 형태의 암흑 에너지를 제시했다. 그동안 암흑 에너지의 기원에 대해 답을 찾지 못해 답답해하고, 블랙홀이 암흑 에너지의 원천일지 모른다는 주장이 계속 제기되었다. 피어슨 팀이 이 이론을 뒷받침하는 관측 증거를 찾은 것이다.[23)]

혼돈의 우주론

암흑 물질, 암흑 에너지가 학자들을 혼동으로 몰아가고 있을 때 보다 큰 강펀치가 터진다. 최첨단 제임스 웹 우주망원경이 우주에 대한 기존 지식을 완전히 뒤바꾸는 자료를 쏟아냈기 때문이다.

2023년 2월 오스트레일리아와 미국, 덴마크, 스페인 4개국 천문학자들로 구성된 연구진은 제임스 웹 우주망원경으로 138억 년 전 우주가 탄생한 뒤 5억~7억 년 무렵 형성된 거대 은하 후보 여섯 개를 발견했다고 『네이처』지에 발표했다. 지금까지는 우주 생성 초기에 작은 은하가 먼저 생기고 시간이 지나면서 서로 합쳐져 거대 은하로 발전했다고 생각했는데, 그 반대의 결과를 얻은 것이다.

이번에 관측된 거대 은하는 질량이 최대 태양의 1000억 배에 이른다. 이는 우리 은하와 맞먹는 규모다. 특히 관측된 은하의 질량은 예상치를 벗어났는데, 이는 우주 진화 과정에서 은하가 예상보다 훨씬 빨리 거대하게 자랐다는 증거가 될 수 있다.

제임스 웹 우주망원경이 보내온 자료는 천문학자들을 놀라게 했다. 당초 성능 좋은 망원경으로 작은 아기 은하만 발견될 것으로 예상했는데, 그 크기가 상상을 뛰어넘는 거대 은하였다. 연구진은 기존 우주 탄생 이론을 뒤엎을 치명적인 발견이라며, 이 은하들을 '우주 파괴자universe breakers'라고 불렀다.

연구진들은 관측 결과를 해석하는 과정에서 실수했을 가능성도 염두에 두고 검토를 거듭했지만 아직 실수를 찾지 못했다고 밝혔다. 한국천문연구원의 김상철 박사는 검증을 통해 이들 자료가 틀리지 않았다고 결론이 나면 기존의 은하 형성 이론과 우주론이 바뀌어야 할 것이라고 말했다.[24)]

이 말은 그동안 빅뱅과 정상 우주론이 혈투를 벌이면서 빅뱅이 압승을 거두었다고 설명되었지만, 이제 이들의 이론이 우주 기원 이론에 관한 가설 중 하나가 되었다는 것을 뜻한다. 가모프의 잘 알려진 빅뱅은 간단하다.

"태초에 우주의 폭발이 있었다."

이후 우주 배경 복사가 발견되어 프레드 호일의 정상 우주론이 치명타를 받아 완전히 퇴출되는 상황이었다. 그러나 천문 관측 장비가 맹활약하면서 빅뱅 이론의 문제점들이 계속 발견되자 도대체 어느 것이 옳으냐는 의문이 들기 시작했다.

그러자 빅뱅 없이 우주가 무한 팽창하고 있다는 가설도 등장했다. 그동안 물리학계에서 널리 받아들여지지 않았던 '무지개 중력Rainbow gravity' 이론이다. 우주에서 중력의 영향은 다양한 빛의 파장에 따라 다르며, 마치 무지개처럼 보인다고 주장해 그런 이름이 붙었다.

무지개 중력 가설은 2003년 리 스몰린Lee Smolin, 1955~ 등이 일반 상대성 이론과 양자역학 이론 사이의 차이점을 보완하기 위해 제안한 것이다. 즉, 빅뱅 이론에서 우주가 시작될 때 밀도가 무한해지는 특이점의 결함을 강조하는 데서 비롯되었다. 이집트 이론물리학센

터의 아델 아와드는 에너지가 다른 입자는 확실히 서로 다른 시공간과 중력장에 나타난다고 주장했다. 이는 입자가 자신의 에너지에 영향을 받지 않고 경로를 따라 이동한다는 현재 이론을 반박하는 것이다.

빅뱅론자들은 빛의 모든 파장이 중력의 영향을 받는 정도가 같고 우주 배경 복사가 검출되면서 이것이 확인되었다고 주장한다. 스몰린은 이런 현상은 지구처럼 중력이 상대적으로 약한 지역에서는 감지할 수 없기 때문에 발생하며, 블랙홀처럼 중력이 매우 강한 지역에서는 무지개 중력을 확인할 수 있다고 주장한다. 우주가 종말 밀도의 점에 도달하지 못한 채 서서히 접근한다는 것으로, 한마디로 우주가 원점을 갖고 있지 않을 수도 있다는 것을 암시한다.

이렇게 혼란스러운 천체 관측 자료들에도 학자들은 대체로 빅뱅 이론에 대응할 만한 충실한 이론이 아직 나타나지 않았다고 평가한다. 일부에서는 빅뱅 이론이 우주의 올바른 이론이라고 완벽하게 제시되지 않는 한 빅뱅 이론을 완전한 우주론이라고 주장할 수 없다고 말하기도 한다. '신新 정상 우주론', 가변 우주 상수 우주론, 광피로 우주론, 순환 우주론 등이 나름대로 우주의 시작을 설명할 수 있다고 기세를 올리기도 한다.

가장 놀라운 것은 우리 우주가 하나가 아니라 수많은 우주로 구성되어 있다는 다중 우주, 평행 우주의 가능성도 제기된다. 심지어 우주가 10^{500}개나 된다는 주장도 나올 정도다. 헷갈리는 일이 아닐 수 없다.[25)]

이와 같이 우주가 많이 있다는 것은 그만큼 우주의 진실을 파악하는 것이 어렵다는 말이다. 한마디로 우주의 기원을 찾는 것이 만만치 않으며, 현 단계에서 우주에 대한 인간의 지식이 미천하다는 의미다. 한편으로는 도전의 장이 기다리고 있다는 것을 의미하기도 한다. 과연 빅뱅 이론이 계속 지금의 지위를 유지할지, 아니면 이를 원천적으로 뒤엎을 이론이 도출될지 독자들도 도전해보기 바란다. 물론 그 성과로 노벨상이 기다리고 있을 것이다.[26)]

독일보다 먼저 원자폭탄 개발

아인슈타인의 $E=mc^2$을 모르는 사람은 없을 것이다. E는 에너지고, m은 질량인데, c^2이 30만 킬로미터/초

×30만 킬로미터/초라는 사실을 염두에 두면 단위 질량이 에너지로 전환되는 양이 얼마나 어마어마한 숫자인지를 알 수 있다. 간략하게 말해 물질 1킬로그램의 에너지는 TNT* 2000만 톤에 해당한다. 이 양이 얼마나 큰가는 히로시마에 투하된 원자폭탄이 TNT 1만 2000~1만 5000톤이었다는 것으로도 알 수 있다.

사실 현대 문명의 상당 부분이 아인슈타인의 $E=mc^2$이 차지하고 있다고도 볼 수 있다. 이 식의 핵심은 질량이 매우 농축된 형태의 에너지라는 점이다. 원자핵은 밀도가 높고 무거워 원자 무게의 대부분을 차지하지만, 부피에서 차지하는 것은 거의 없다. 대부분의 물질에서 원자핵은 안정되어 있으므로 변하지 않는다.

그런데 어떤 원자핵들은 깨지면서 강한 에너지 입자를 내놓는데, 이 입자의 흐름을 방사선이라 한다. 이 과정에서 핵의 질량 중 일부가 에너지로 변한다. 에너지는 핵이 분열할 때나 융합할 때도 나오는데, 어떤 경우든 원자핵에서 나오는 에너지는 질량의 변환에서 나온다는 것을 이해할 필요가 있다.

---

* TNT는 톨루엔에 질산과 황산을 혼합해서 나오는 화합물인데, 주로 폭약으로 쓰인다.

원자의 속은 거의 텅 빈 상태다. 우라늄 원자핵이 볼링공이라면 궤도상의 전자는 서울 크기만 한 면적 위에 흩어져 있는 모래알 92개 정도다. 반면에 핵은 원자의 질량 중 거의 대부분을 차지한다. 달리 말하면 원자의 크기를 정하는 것은 전자고, 무게를 정하는 것은 핵이다. 이렇게 거대한 질량이 조그만 부피 안에 채워져 있으므로, 핵 안에 갇혀 있는 에너지는 상상을 초월한다. 이 때문에 원자 핵 안에서 변화를 일으키는 원자폭탄이 재래식 폭탄보다 훨씬 큰 파괴력을 가진다.

이것이 사실임을 지구인들에게 실제적으로 보여준 것은 핵이 양성자 92개와 중성자 143개를 가진 우라늄235의 분열이다. 속도가 느린 중성자가 우라늄235와 충돌하면, 핵은 거의 같은 파편 두 개로 쪼개지고 중성자 두세 개가 튀어나온다. 그런데 이 두 조각과 중성자(평균 2.47개) 두세 개의 질량은 당초 원자핵의 질량보다 작고, 이 질량의 차이가 에너지로 변한다.

실제로 우라늄 1그램이 분열하면서 방출하는 에너지는 9×1016줄(J)*이다. 이 에너지는 3.2톤의 석탄,

---

* 줄(J)은 일과 에너지의 국제단위다. 1줄은 1뉴턴의 힘으로 물체를 1미터 움직일 때 한 일이나 이에 필요한 에너지다.

267리터의 석유, 21톤의 TNT가 내뿜는 에너지와 비슷하다. 더구나 각 단계의 반응이 일어나는 시간 간격이 겨우 50조 분의 1초밖에 되지 않으므로 아주 짧은 시간 동안에 엄청난 양의 에너지가 방출되기 때문에 핵분열에 의한 반응은 가공할 만한 위력을 발휘한다.

여기에서 TNT는 트라이나이트로톨루엔trinitrotoluene이라는 화합물이 원료인 폭탄이다. TNT는 1863년 독일 화학자 율리우스 베른하르트 프리드리히 아돌프 빌브란트Julius Bernhard Friedrich Adolph Wilbrand, 1839~1906가 최초로 제조했으며, 1891년 독일에서 최초로 대량 생산을 시작했다. TNT는 폭속도 7028미터/초를 폭발계수 1.0으로 잡고, 폭탄이나 기타 폭발물의 폭발력에 대한 기준으로 사용한다.

일반적으로 잘 알려진 다이너마이트는 알프레드 베른하르드 노벨Alfred Bernhard Nobel, 1833~1896이 니트로글리세린을 주원료로 해 발명한 폭탄이다. 다이너마이트는 폭발력이 TNT보다 60퍼센트 정도 더 강하면서도 안전하게 사용할 수 있어 세계를 석권하면서 폭발적으로 보급되었다. 결국 이것이 노벨상의 기본이 되었다.

아인슈타인의 공식은 원자의 질량을 정확히 결정

함으로써 어떤 원자에서 얼마나 많은 에너지가 방출될지를 미리 계산할 수 있게 해준 것으로도 중요성이 크다. 이 공식은 원래 상대성 이론에 포함되어 있지 않았는데, 1905년에 발표한 보완 논문에서 다루었다. 『사이언스 일러스트레이티드』는 이 식의 의미를 다음과 같이 설명했다.

> "아인슈타인은 어떤 주어진 질량 내에 엄청난 양의 에너지가 잠재되어 있지만, 에너지가 그 질량의 원자들 속에 갇혀 있기 때문에 일상생활에서는 그 에너지가 발현되지 않고 단지 핵분열로만 그 에너지가 방출될 수 있다고 했다."

이것이 소위 원자폭탄의 이론이다. 우라늄235 약 10킬로그램을 각각 따로 보관하면 우라늄 덩어리 자체가 열과 중성자를 내뿜기는 하지만 폭발하지는 않는다. 그런데 이 10킬로그램짜리 우라늄 덩어리 두 개를 한데 붙여놓으면, 중성자 수가 갑자기 늘어나 통제할 수 없는 중성자의 홍수를 이룬다. 이 중성자의 홍수가 바로 핵폭발이다.

원자폭탄이란 바로 이 원리를 이용해 정교하게 깎은 반구형 우라늄235 덩어리 두 개를 따로 떼어서 재래식 폭탄으로 감싸놓았다가 순간적으로 결합시키는 것이다. 이것은 우라늄235가 서로 떨어져 임계질량(핵분열 물질이 연쇄반응을 일으킬 수 있는 최소의 질량) 이하가 되면 폭발하지 않는다는 것을 뜻한다.

참고로 우라늄235의 임계질량은 16킬로그램, 초임계질량은 25킬로그램으로 대략 소프트볼 크기다. 플루토늄239의 임계질량과 초임계질량은 각각 8킬로그램과 12킬로그램으로 야구공 크기 정도다. 바꿔 말하면 원자폭탄을 만들려면 플루토늄 약 10킬로그램과 우라늄235 약 20킬로그램이 있어야 한다는 뜻이다.

전쟁이 만든 원자폭탄

핵분열 반응이 일어나게 하려면 중성자로 핵을 때려야 하고, 핵융합 반응이 일어나게 하려면 입자를 빠른 속도로 가열해 충돌시켜야 한다. 그런데 이 작업은 간단한 일이 아니다. 바꿔 말하면 우라늄의 연속 반응을 일으키기 위해서는 막대한 예산과 인원이 필요하다는 뜻이다. 지구에서는 이런 때에 항상 극적인 사건이 일어나 해결책을 제시한다. 변수는 역시 전쟁이었다.

1938년 말 독일의 오토 한Otto Hahn, 1879~1968은 예상외의 사실을 발견했다. 우라늄에서 방사능을 방출하게 만드는 과정에서 생긴 '3종의 라듐 동위체'를 바륨으로부터 분리할 수가 없었던 것이다. 오토 한과 프리드리히 빌헬름 프리츠 슈트라스만Friedrich Wilhelm Fritz Straßman, 1902~1980은 이 사실을 다음과 같이 정리했다.

① 라듐228을 첨가해 라듐과 바륨을 분류했더니, '3종의 라듐 동위체'가 라듐228로부터 분리되어 바륨과 행동을 같이했다.
② '3종의 라듐 동위체'의 붕괴 생성물에 악티늄228을 첨가해서 란탄(원자번호 57)과 악티늄을 분리 조작했더니, 붕괴 생성물도 악티늄228로부터 분리되어 란탄과 행동을 같이했다.
③ 다른 바륨 화합물 결정을 여러 가지 생성시켰으나 '3종의 라듐 동위체'가 바륨으로부터 떨어지는 일은 없었다.

그들은 '3종의 라듐 동위체'가 바륨 그 자체임을 파악했다. 우라늄을 중성자로 조사하면 적어도 세 종류의 바륨 동위체가 생겨나며, 이것들은 붕괴해서 란탄으로 된다는 것이다. 이는 핵이 쪼개질 수 있다는 것을 의미한다. 이것이 바로 세계를 깜짝 놀라게 한 원자폭탄과 원자력 발전소에 대한 기본 이론이다.

오토 한은 연구팀의 일원이었던 여성 물리학자 엘리제 리제 마이트너Elise Lise Meitner, 1878~1968에게 자신의 실험 결과가 매우 이상하다는 편지를 보냈다. 그는 중성자 충격을 통해 발생한 원소는 라듐 같지 않았고, 우라늄의 원자번호 92보다 훨씬 낮은 바륨(원자번호 56)처럼 보였다며 다음과 같이 적었다.

"먼저 당신에게만 말하지만 문제가 되는 것은 라듐 동위체들에서 나타나는 어떤 것입니다. 주목할 만한 우연한 현상이 또 우리 앞에 나타날지 모릅니다. 하지만 우리는 점점 더 두려운 결론에 도달합니다. 우리의 라듐 동위체가 라듐 같은 모습이 아니라 바륨 같은 모습으로 나타납니다. 혹시 당신이 어떤 기막힌 설명을 해줄 수 있지 않을까요?"

오토 한이 마이트너에게 자신의 발견에 대한 이론적인 설명을 요청한 것이다. 마이트너는 보어의 공동 연구원이던 조카 오토 로베르트 프리슈Otto Robert Frisch, 1904~1979와 함께 이 문제를 검토한 후 다음과 같이 설명했다.

① 지금까지 발견된 핵반응에서는 핵에서 큰 전하를 한꺼번에 잃어버리는 일은 없었다. 이것은 쿨롱 장벽이 핵에서 큰 전하를 가진 입자의 방출을 저지하고 있기 때문으로 보인다.

② 핵 내에서는 입자끼리 핵력으로 결합하고 있으며, 이것에 의해 핵의 표면에는 표면장력이 생긴다. 무거운 핵에서는 핵 내의 전하로 생기는 핵자끼리의 반발력 때문에 상기의 표면장력은 약해지고, 원자번호가 100 정도까지 증가하면 0으로 되어, 핵자끼리 하나의 핵으로 뭉치는 일은 없게 된다.

③ 우라늄 같은 무거운 핵은 밖에서 중성자가 들어왔기 때문에, 핵 내에 에너지가 반입되어 핵 내에서 핵자의 집단 운동이 일어나 핵이 변형된다. 이 변형이 어느 한도를 초과하면 쿨롱 힘으로 생긴 반발이 핵력

에 의해 뭉치고자 하는 힘을 웃돌게 되어, 액체 방울이 분열하는 것과 흡사한 모양으로 핵이 둘로 분열하는 일이 일어날 수 있다.

④ 우라늄이 위의 과정으로 분열하면, 분열 편은 쿨롱 반발력에 의해 서로 가속되므로 대략 분열 편 두 개의 합계가 약 200MeVMega electron Volt의 운동 에너지를 얻는다. 약 200MeV의 에너지는 우라늄, 중성자, 핵분열 편의 질량을 이용하는 경우, 아인슈타인의 식 $E=mc^2$으로 계산한 값과도 일치한다.

알기 쉽게 설명하면 이렇다. 우라늄 원자핵 하나가 깨질 때 나오는 에너지는 모래알 하나를 튀어 오르게 할 수 있다. 그런데 우라늄 1그램에는 대략 2.5×1021개의 원자핵이 있음을 이해한다면, 이들이 생산하는 에너지가 얼마나 대단한지 알 수 있을 것이다.

독일보다 먼저 원자폭탄을 만들어라

문제는 당시의 세계 정황이다. 독일의 히틀러가 세계를 위협하는 상태에서 미국은 오토 한이 독일인이라는 것에 촉각을 곤두세웠다. 그가 나치에 협조해 핵폭탄 개발에 발 벗고 나선다면 세계는 온통 나치의 치하로 들어갈 것이라 과학자들은 예상했다. 추후에 알려진 사실은 오토 한이 독일에서 원자폭탄을 개발하는 것에 반대해 태업 아닌 태업으로 원자탄 개발을 지연시키려고 노력했음이 밝혀졌다.

하지만 오토 한의 의도를 모르는 과학자들은 나치가 원자폭탄을 개발하는 것을 가장 큰 악몽으로 생각했다. 결국 나치의 위협을 피해 미국에 망명 중이던 평화주의자 아인슈타인은 미국의 루스벨트 대통령에게 편지를 썼다. 아인슈타인은 편지에서 우라늄의 붕괴가 지닌 잠재력을 지적하면서, 나치에 앞서 핵무기를 개발하는 데 모든 노력을 기울여야 한다고 말했다.

아인슈타인의 편지는 1939년 8월 2일자인데, 편지가 루스벨트 대통령에게 전달된 것은 10월 11일이었다. 그사이 유럽에서는 우려하던 제2차 세계대전이 일어났다. 마침내 미국은 아인슈타인이 편지에서 요구하는 대로 원자폭탄 개발에 착수했고 실제로 원자폭탄이 개발되었다.

사실 아인슈타인의 편지는 그가 직접 쓴 것이 아니

라, 아인슈타인의 제자로 헝가리 출신 물리학자인 실라르드 레오Szilárd Leó, 1898~1964가 작성한 것이다. 1898년 헝가리의 수도 부다페스트에서 태어난 실라르드는 부다페스트공과대학교에서 전기공학을 전공하다가, 물리학에 흥미를 느끼고 베를린공과대학교로 유학을 갔다. 그의 전공은 열역학이었는데, 그의 천재성을 알아본 아인슈타인이 1년 만에 박사학위를 받을 수 있도록 적극 주선했다.

그래서 과학사가들은 지구상의 원자폭탄이 실라르드로부터 태동했다는 데 주저하지 않는다. 그가 원자폭탄을 구상한 것은 전설적이다. 1933년 9월 어느 날 영국박물관이 있는 런던의 러셀 광장 앞에서 신호가 바뀌기를 기다리던 실라르드는 교통 신호등이 청색으로 바뀌는 순간 하나의 생각을 번개같이 떠올렸다.

> '알파 입자로 원자핵을 때려주면 이 핵이 깨져서 다른 원소의 핵으로 바뀐다. 이 반응 때 엄청난 에너지가 나온다. 이 반응을 천천히 인공적으로 조절할 수 있다면 막대한 에너지를 얻는 하나의 새로운 방법이 나올 수 있다.'

그의 생각은 중성자가 발견되었으므로 알파 입자 대신에 중성자를 사용한다는 생각으로 바뀌었다. 그가 6년 전에 생각했던 아이디어가 독일인 오토 한에 의해 실용화될 수 있다는 것을 확인한 실라르드는 독일에서 핵폭탄이 먼저 개발되면 최악의 상황이 올 수 있다며 루스벨트 대통령에게 이 사실을 알려야 한다고 동료들을 설득하기 시작했다.

그의 말을 듣고 경제학자인 알렉산더 삭스는 루스벨트 대통령이 존경하는 아인슈타인이 직접 편지를 작성하면 좋겠다고 조언했다. 이에 용기를 얻은 실라르드는 독일에서 원자폭탄을 만들 가능성과 히틀러가 그것을 먼저 만들었을 때 인류에게 미칠 해악을 설명하는 편지를 작성했고, 아인슈타인에게 서명해달라는 요청했다. 아인슈타인은 핵분열 반응의 발견이나 이용과는 아무런 관계가 없었지만, 그가 지닌 명성과 권위 때문에 편지에 서명을 요청받은 것이다. 그런데 아인슈타인은 실라르드의 설명을 듣고 다음 내용의 편지에 흔쾌히 서명했다.

"지난 4개월 동안 프랑스의 졸리오(이렌 졸리오퀴리)와 미국의 페르미(엔리코 페르미), 실라르드 등이 진행하는 일련의 연구는 한 번에 많은 에너지와 새로운 원소를 얻을 수 있는 것입니다. 이것은 가까운 장래에 새로운 형태로 무기를 만들 것이 틀림없습니다. (…) 이 연구의 중요성을 각하에게 알리고 관심을 갖도록 하는 것은 나의 의무라고 믿습니다. 만일 그것이 인정된다면 빠른 행동을 촉구합니다. (…) 이 무기는 단순한 형태의 폭탄으로 투하 지역을 단번에 파괴시키는 막대한 힘을 가졌으며, 만약 원폭 한 개를 선박으로 어떤 항구까지 운반해 폭발시킨다면 항구 전체가 완전히 파괴되고 그 주위는 폐허가 될 겁니다. (…) 독일은 그들이 장악한 체코슬로바키아 광산에서 우라늄 반출을 금지하고 있어 독일에서도 핵무기 개발이 진행되고 있음을 짐작합니다. 이를 위해 필요한 관계자들을 만나야 합니다."

아인슈타인의 이 편지를 세계사에서 가장 중요한 편지 가운데 하나로 거론하는 것은 미국이 핵무기를 개발토록 하는 데 방아쇠 역할을 한 역사적 의미를 갖고 있기 때문이다.

그러나 실라르드는 미국의 원자폭탄 개발에 적극

적인 역할을 했지만, 맨해튼 프로젝트에는 참여하지 않았다. 특히 제1호 원자폭탄이 개발되어 1945년 7월 16일 폭발에 성공하자, 그 위용을 실감한 실라르드는 루스벨트 대통령에게 원자폭탄을 실전에 사용해서는 안 된다고 진정서를 제출했다. 연쇄반응에 의한 핵분열이라는 개념을 처음 생각해내고, 그것을 실현시키기 위해서 전력을 기울였던 당사자로서 원폭의 파괴력이 가져올 무서운 핵무기 경쟁을 예견한 것이다.

그의 진정에도 불구하고 미국은 일본 히로시마와 나가사키에 핵폭탄을 투하했다. 실라르드는 이후 보다 조직적으로 반핵 운동을 벌이는데, 이 입장은 아인슈타인과 비슷하다. 1949년 이후 실라르드는 시카고대학교에서 분자생물학을 연구했고, 1964년 68세의 나이로 삶을 마감한다.

행운이 겹친 원자폭탄 개발

미국이 원자폭탄 개발에 본격적으로 뛰어들기 전의 상황을 보면 미국에서 원자폭탄이 만들어진 데에는 그야말로 여러 가지 행운이 겹쳤다.

첫째, 당시 미국에는 원폭을 실제 개발할 수 있는 그 분야의 수많은 과학자가 망명해 있었다. 핵폭탄 제조에 관한 한 비밀리에 당대의 거의 모든 전문가를 동원하는 것이 어려운 일이 아니었다.

둘째, 많은 과학자들과 전문가들이 독일이 이미 원자폭탄 개발에 착수했다고 판단했는데, 이는 미국에도 치명상을 안길 수 있는 중대한 정보였다. 특히 독일에는 오토 한과 또 한 명의 천재로 불확정성 원리를 창안한 베르너 하이젠베르크가 있었다. 하이젠베르크도 1939년부터 1940년에 걸친 연구에서 원자로와 원자폭탄의 기본적인 차이를 이해하고 원자폭탄을 만드는 것이 가능하다는 결론을 냈다.

그런데 1941년 10월 하이젠베르크는 독일 점령 아래 있던 덴마크 코펜하겐을 방문해, 그곳을 탈출하기 직전이었던 스승 보어를 만난 적이 있었다. 나치의 엄중한 감시 때문에 두 사람은 편하게 대화하지 못하고 중요한 이야기는 집 근처를 산보하면서 나눴다. 하이젠베르크는 핵반응에 대해 언급하면서 원자로의 윤곽을 설명했다. 그는 원자폭탄을 개발하기 위해서는 커다란 기술적 장애가 있는 것은 물론 막대한 비용이 소요된다는 점을 강조하면서, 독일이 원자폭탄을 개발할 수 없다며 특히 보어에게 전시에 물리학자가 우라늄 관련 연구를 하는 것이 옳은지에 대해 질문했다.

당시 비밀리에 미국의 연구에 관여하고 있던 보어는 하이젠베르크의 질문을 역으로 생각했다. 독일이 원자폭탄을 포기한 것이 아니라 많은 진전을 보고 있다는 것을 알려주기 위한 것으로 파악했다. 결국 미국이 원자폭탄을 개발하는 데 보어의 견해는 큰 역할을 했다. 보어에게 하이젠베르크의 질문을 전해들은 미국의 원자폭탄 관련자들은 후끈 달아올랐다. 그들 역시 하이젠베르크가 보어와 만나서 원자폭탄 개발 가능성을 질문했다는 자체를, 독일에서 원자폭탄을 제조하고 있다는 것으로 생각했기 때문이다.

셋째, 미국이 영국으로부터 원자폭탄 개발에 관한 정보를 모두 받을 수 있었다는 점이다. 1939년에서 1941년 사이 영국의 원자폭탄 개발 연구는 그 어느 나라보다 앞서 있었다. 그러나 영국에서 원자폭탄을 실제로 만드는 것은 여러 가지 문제가 있었다. 우선 핵분열반응의 연료인 우라늄235를 분리하는 방법이 확립되지 않았고, 특히 연쇄반응을 일으킬 수 있는 최소 임계

질량 값이 정확하게 알려지지 않았다.

이런 문제의 돌파구를 연 사람이 1940년 영국에 망명 중이던 오토 프리슈와 루돌프 에른스트 파이얼스 Rudolf Ernst Peierls, 1907~1995다. 그들은 이론적으로 약 10킬로그램 정도의 우라늄235만 있으면 원자폭탄을 만들 수 있는 임계질량이 된다고 보았다. 게다가 항공기에서 원자폭탄을 투하하는 것이 정책 입안자의 입맛에 더욱 맞으리라 예상했다. 그들은 가장 당면한 문제점인 우라늄235를 분리하는 방법도 제시했고, 원폭을 제작하는 데 약 2년밖에 걸리지 않을 것이라고 결론을 내렸다.

영국 정부는 그들의 연구 결과를 토대로 원자무기 개발을 위한 위원회를 구성했는데, 이것이 모드위원회 MAUD다. 이 위원회가 모드위원회로 알려진 것은 1941년 7월 보어가 비밀리에 영국에 보낸 전보에서 비롯한다. 보어는 모드 양에게 안부를 전해달라고 부탁했는데, 영국 물리학자들이 이 말을 독일이 원폭을 개발하고 있다는 내용의 암호라고 착각해 모드위원회로 붙인 것이다.

모드위원회에서는 독일이 원폭을 먼저 제작할 가능성이 높다고 생각했다. 그러나 영국은 기초 연구의 기반을 갖추고도 원자탄 생산 공정을 향해 더 이상 나아갈 수 없었다. 특히 영국은 독일의 공격에 취약했다. 독일은 가공할 파괴력의 로켓을 확보하고 있는데, 이런 독일의 사정거리 안에 있으면서 원자탄 제조공장 같은 거대한 시설을 갖추는 것 자체가 자살행위나 다름없었다. 그래서 영국은 우라늄뿐만 아니라 플루토늄으로도 원자탄을 개발할 수 있다는 등의 1급 비밀들이 담긴 모드위원회 보고서를 미국에 넘겼다.

영국에서 자료를 넘겨받은 미국은 크게 자극받아 원폭 개발에 관심을 기울이고 있었는데, 마침 새로운 발견이 줄을 이었다. 버클리대학교의 어니스트 올란도 로런스Ernest Orlando Lawrence, 1901~1958는 자신이 만든 입자 가속기 사이클로트론으로 우라늄235와 우라늄238을 분리하던 중, 예기치 않게 우라늄238이 플루토늄으로 변환되는 것을 확인했다. 이 발견은 우라늄238도 원자탄의 원료로 사용할 수 있다는 획기적인 군사상 발견으로, 미국 대통령을 비롯한 정책 책임자들을 설득시키는 데 문제가 없었다.

맨해튼 프로젝트 탄생

미국에서 원자폭탄을 만들 수 있었던 데에는 또 다른 행운이 따랐다. 바로 핵분열 연구에서 가장 중요한 권위자인 페르미와 양자론의 대가 보어가 마침 미국과 영국에 망명해 있었던 것이다.

페르미가 미국으로 망명하게 된 것은 당시의 정황 때문이다. 그가 중성자 실험을 계속하던 당시 유럽의 정치 정세는 독일의 히틀러와 이탈리아의 무솔리니 등이 기세를 올리고 있었다. 원래 이탈리아는 독일과 적대적이었으나 에티오피아 문제를 계기로 관계가 호전되었고, 이어서 독일-이탈리아 체제가 성립되었다.

잘 알려진 대로 히틀러는 유대인 추방을 정책 방향으로 잡았고, 그 영향은 이탈리아에까지 파급되었다. 당시 페르미에게는 히틀러를 피해 도망쳐 온 에르빈 슈뢰딩거가 있었다. 그는 유대인은 아니었지만 히틀러가 정권을 잡은 데 불만을 갖고 항의하는 뜻으로 베를린대학교 교수직을 버리고 오스트리아의 그라츠대학교로 옮겼다. 그런데 독일과 오스트리아가 합병되자 그는 걸어서 그곳을 탈출해 로마의 페르미에게 구원을 요청한 것이다.

문제는 이탈리아가 독일과 끈끈한 줄을 만들더니 이탈리아에서도 유대인을 외국인으로 취급하는 '라사의 선언(인종 선언)'을 발표했다는 점이다. 이어서 '반유대인법'이 통과되었다. 부인이 유대인인 페르미도 신변에 위험을 느끼지 않을 수 없었다. 마침 페르미가 1938년에 노벨 물리학상을 받게 되자 스톡홀름의 노벨상 수상식에 가족이 함께 참석하는 것을 계기로 미국으로 망명을 결행했다. 미국 뉴욕의 컬럼비아대학교에서 물리학 교수 자리를 제의하고 있었으므로 안성맞춤이었다.

보어도 페르미와 비슷한 처지였다. 히틀러가 독일에서 유대인 배척 운동을 주도하자 보어는 많은 유대계 과학자들을 코펜하겐의 연구소로 불러 안전한 피신처를 제공했다. 그러나 1940년 독일이 덴마크를 침공하자 유대계 혈통인 보어는 신변에 위협을 느끼지 않을 수 없었다. 그가 자주 반나치 감정을 숨기지 않았기 때문이다. 그는 과감하게 탈출을 시도했다. 레지스탕스에서 제공한 낚싯배를 타고 가족과 함께 스웨덴으로 피신한 후, 영국의 모스키토 폭격기의 빈 폭탄 장착대에 숨어서 영국으로 갔다.

덴마크를 탈출하기 전 보어는 금으로 제작된 자신의 노벨상 상패를 병에 넣고 산성 용액으로 녹여서 감췄다. 전쟁이 끝난 후 귀국한 보어는 병에 녹아 있던 금을 회수해 상패를 다시 주조했다. 여하튼 안전한 영국에 도착하자 보어는 독일인보다 앞서 원자폭탄을 개발해야 한다는 데 동의했고, 1939년 1월 페르미가 미국에 온 2주일 후 가족과 함께 미국으로 가서 본격적으로 원자폭탄 제조에 참여한다. 1975년 노벨 물리학상을 수상하는 그의 아들 오게 보어도 미국 로스알라모스에서 맨해튼 프로젝트에 참여했다.

미국에 도착한 페르미를 주축으로 실제로 핵분열을 일으키는 폭탄을 개발할 수 있는가를 본격적으로 검토하기 시작했다. 그는 연쇄반응이 일어날 가능성이 있는 물질로 우라늄235, 플루토늄239를 제시했다. 원자폭탄에 대한 기초적인 원리가 증명되었다고 하지만 연쇄반응을 준비하려는 컬럼비아대학교 물리학자들은 두 가지 난관을 극복해야 했다.

첫째, 우라늄 분열 시 방출되는 중성자들이 너무 빨라서 우라늄의 분열을 유발시키는 핵폭탄으로는 효율적이지 못한 데 따른 어려움이었다. 둘째, 통상적인 조건 아래에서 핵분열 시 방출되는 중성자들이 다른 우라늄 원자들을 쪼갤 새도 없이 공기 중으로 빠져나가거나 다른 물질에 흡수되는 데 기인한 중성자의 손실이었다. 다시 말해 연쇄반응을 촉발시키기에는 턱없이 부족한 극소수의 중성자만 핵분열을 일으키는 것이다.

연쇄반응을 일으키기 위해서는 중성자들의 속력과 손실을 최대한 줄여야 했다. 페르미는 로마에서 이미 파라핀과 물의 중성자에 대한 특이한 효과를 알고 있으므로 우라늄의 핵분열에 대한 연구를 물속에서 시작했다. 물리학자들의 용어로 말하면 물을 감속재로 사용한 것이다. 그러나 여러 달에 걸친 연구를 수행한 결과 물이나 수소를 함유한 다른 물질들은 모두 감속재로 적당치 않다는 결론에 도달했다. 이는 수소가 너무 많은 중성자를 흡수해 연쇄반응이 불가능했기 때문이다.

페르미는 탄소를 감속제로 사용할 것을 제안했다. 순도가 높기만 하면 탄소는 중성자를 충분히 감속시킬 뿐만 아니라 물에 비해 중성자의 흡수도 적을 것이라고 예상했다. 이들은 연쇄반응을 불러일으킬 수 있는 기발한 장치를 고안했다. 이 장치에 우라늄과 순도가 매우 높은 흑연을 겹겹으로 쌓았다. 순수한 흑연 층과 우라늄 덩어리를 포함한 흑연 층을 교대로 배열해 만든 것이다. 이 장치가 바로 원자로다.

히로시마에 원자폭탄 투하

맨해튼 프로젝트 팀은 1945년 7월 핵폭탄을 만들기에 충분한 우라늄235와 플루토늄239를 정제해 원자폭탄 세 개를 완성했다. 그들은 로스앨러모스로부터 300킬로미터 떨어진 뉴멕시코주 앨라모고도 트리니티 사이트에서 원폭 한 개를 실험키로 했다. 폭탄은 강철탑 꼭대기에 설치했고, 그 주위에는 과학적 감시 장비들을 설치했다. 원래 7월 15일 폭발 시험을 하기로 했는데 기후가 나빴다. 이례적으로 소낙비가 퍼붓고 강풍이 몰아쳐 연기되었다.

다음 날인 7월 16일 일기가 호전되자 오펜하이머와 그의 팀은 그곳으로부터 약 10킬로미터 떨어진 통제실에 있었고, 그 밖의 과학자들과 관찰자들은 16킬로미터 떨어진 벙커나 방공호로 피신했다. 카운트다운이 시작되고 마침내 '나우Now'라는 소리가 흘러나왔다. 1945년 7월 16일 오전 5시 29분 45초의 일이었다. 이

때의 폭발 장면을 목격한 과학자는 다음과 같이 말했다.

"인류가 일찍이 본 적이 없는, 말로는 표현할 수 없는 놀라운 광경이었다."

페르미는 지하실에서 나와 방사성 낙진의 위험을 무릅쓰고 호주머니에서 작은 종잇조각들을 꺼내 하늘로 뿌린 후 종잇조각들이 떨어진 곳까지 걸어가면서 거리를 측정했다. 그는 폭발 강도를 어림잡아 TNT 2만 톤 정도라고 말했다. 추후에 정밀하게 폭발 강도를 측정했는데 페르미의 말과 차이가 별로 없었다. 원자폭탄의 위력이 알려지자 페르미는 다음과 같이 말했다.

"1000개의 태양보다 더 밝다."

이날 뉴멕시코주 경찰에 한 화물트럭 운전기사가 이상한 제보를 했다. 새벽 5시에 지평선 위로 해가 솟았는데, 조금 후에 다른 해가 또 다시 솟았다는 것이다. 두 번째 해가 세계 최초의 원자폭탄이다. 맨해튼 프로젝트의 총책임자인 오펜하이머는 그 순간 힌두교의 경

전인 『바가바드 기타』의 다음 두 구절이 문득 머리를 스쳐갔다고 말했다.

"나는 이제 세계의 파멸자가 되었다. 죽음의 운명이 무르익는 시간이 기다리고 있다."

원자폭탄의 위력은 엄청나 원폭 개발에 참여한 사람 모두를 놀라게 했다. 자신이 만든 원폭이 정말로 투하된다면 엄청난 파장을 몰고 올 것을 감지하고 원폭 투하 반대 운동을 펼친 이도 많았다. 그 선봉장이 원폭 개발을 제일 먼저 주창한 실라르드다. 그는 자신이 원폭 개발을 주도했다는 책임감 때문에 독일에서 망명한 물리학자 제임스 프랑크James Franck, 1882~1964와 함께 1945년 6월 11일 「프랑크 보고서」를 발표했다.

이 보고서는 핵무기의 위험성을 경고하고 인류의 미래를 위해 핵무기 사용이 통제되어야 한다고 적었다. 실라르드는 핵폭탄을 인명 살상용으로 직접 사용하지 말고, 무인도 실험을 통한 자료를 일본에 보여주어 항복을 유도하자고 제안했다. 또한 원폭을 다른 나라에서도 개발할 수 있으므로 국제적인 통제 방안을 강구해야 한다고 주장했다.

보고서를 읽은 과학자들은 실라르드의 제안을 받아들이지 않았다. 원폭이 치열하게 격화되는 일본과의 전쟁을 종식시킬 수 있으며, 이는 결국 미국인의 생명을 구할 수 있다고 생각했기 때문이다.

원자폭탄 실험이 성공하자 당시 미국 대통령 해리 트루먼은 방송을 통해, 만약 일본이 연합국의 평화조약을 수락하지 않으면 지구상에서 아직 보지 못했던 대재앙이 하늘에서 떨어질 것이라고 경고했다. 영국의 처칠도 같은 내용의 방송을 했다. 일본의 반응은 신통치 않았다.

1945년 8월 6일 오전 7시가 조금 지났을 무렵 히로시마 상공에 미국의 기상 관측기가 나타나 그 지역에 경계경보가 울렸다. 경계경보는 흔히 있는 일이라 대부분의 시민은 방공호로 대피하지 않았다.

같은 날 오전 8시 15분 30초, 서태평양 티니안 섬 기지를 출발한 B29 '에놀라 게이Enola Gay'가 히로시마 상공 9600미터 지점에서 폭파 기록 장치를 실은 낙하산 세 개를 떨어뜨렸다. 550미터 상공에서 폭발하도록 조절되어 있는 원자폭탄이었다. '에놀라 게이'는 B29

조종사 폴 티베츠 대령의 어머니 이름에서 땄다. 원폭 1호는 지름 71센티미터, 길이 3.05미터, 무게 4톤으로 '리틀 보이little boy'로 불렸다.

히로시마 시민들은 도시가 주요 군사기지인 데다 보급기지이기도 해서 공습을 항상 염두에 두고 있었다. 특히 연합군이 소이탄으로 공격해 올지도 모른다고 생각해 많은 사람이 시골로 피난을 가 원래 약 40만 명이었던 인구가 29만여 명으로 줄어 있었다. 그럼에도 원폭 투하 당시 히로시마에는 주민과 일본군 약 4만 명을 합해 모두 33만 명이 있었다.

원폭이 터지기 전인 1945년 4월 25일 원자폭탄 관계자들은 트루먼에게 다음과 같이 보고했다.

> "우리는 도시 하나를 단번에 완전히 파괴할 수 있는 역사상 가장 무서운 무기를 4개월 이내에 가지게 될 것입니다."

트루먼 대통령은 첫 번째 원자폭탄이 히로시마에 투하되자마자 놀라운 성명을 발표했다.

> “지금부터 열여섯 시간 전에 미국의 항공기 한 대가 일본의 중요한 군사기지인 히로시마에 폭탄 한 개를 투하했다. 이것은 TNT 화약 약 2만 톤 이상의 위력을 갖고 있다. (…) 일본은 진주만 습격으로 전쟁을 시작했으며, 이제 와서 그 수십 배의 보복을 받는 것이다. (…) 그것은 원자폭탄이다. (…) 우리는 일본 내 어떤 도시의 기능도 여지없이 신속하게 완전히 파괴할 수 있는 준비를 갖추고 있다.”

트루먼은 원자폭탄이 히로시마 상공에서 성공적으로 폭발했다는 것을 보고받자 히로시마 폭탄은 경고에 지나지 않는다며 8월 9일 나가사키에 플루토늄239로 만든 두 번째 원자폭탄 ‘뚱뚱한 사람fat man’을 떨어뜨리는 것에 동의했다. 원자폭탄 두 개의 위력은 TNT 3만 5000톤과 맞먹는다.

아인슈타인의 후회

원자폭탄의 폭발력이 엄청나다는 것을 확인한 일부 과학자들은 고민하지 않을 수 없었다. 자신들이 만든 폭탄의 미래를 점칠 수 있었기 때문이다. 대표적인 사람이 독일에서 망명한 제임스 프랑크였다.

프랑크는 질소비료를 만든 프리츠 하버Fritz Haber, 1868~1934와 함께 독가스 제조에 참여하기도 했다. 하버는 독가스와 같은 새로운 무기가 투입되면 전쟁이 금방 끝날 것이고 따라서 희생자도 줄일 수 있다고 말했다. 그러나 독가스는 전쟁을 빨리 끝내기는커녕 아무 죄도 없는 수많은 사람을 죽음으로 몰고 갔다. 바로 그와 같은 상황이 원자폭탄에 의해 일어날 수 있다는 것이 프랑크의 생각이었다.

그는 「프랑크 보고서」에서 '핵무기에 대한 국제적 차원의 통제가 필요하다'는 요지의 글로 원자탄을 전쟁에 투입하는 것을 반대했다. 프랑크를 중심으로 한 원자탄 투하 반대에도 미국은 원자폭탄을 일본에 투하했다. 프랑크의 예견과는 달리 일본이 재빨리 항복했지만, 무고한 수많은 사람이 죽음의 사슬에서 벗어나지 못한 것은 사실이다.

원자폭탄 개발에 결정적인 이론을 제공한 아인슈타인은 $E=mc^2$으로 유도된 에너지가 실질적 용도가 있을 것으로 예상하지 않았다. 그러나 결국 자신도 원폭 개발에 적극적으로 참여한 상황이 되었고, 일부 언론에서는 그를 사악한 예언자로 그리기도 했다.

물론 히로시마에 투하된 원자폭탄은 효율적이지는 않았다. 5톤이나 나갔던 거대한 폭탄 속에는 순도 70퍼센트로 농축된 우라늄235가 45킬로그램 포함되어 있었다. 그중 실제로 핵분열을 한 것은 1퍼센트인 0.9킬로그램에 지나지 않았다. 그러나 0.9킬로그램밖에 되지 않는 우라늄의 핵분열 과정에서 나온 에너지가 도시 전체를 파괴하고 많은 사람을 살상했다는 것은 원자폭탄의 무서움을 명확하게 알려주는 근거가 되었다.

1946년 7월 1일자 『타임』지 표지에는 아인슈타인의 얼굴이 원자폭탄의 폭발 장면을 배경으로 '우주의 파멸'이라는 문구와 함께 실렸다. 프리드먼과 돈 레이는 『전설과 시적 영감으로서의 아인슈타인』에서 다정다감한 과학자가 현대의 프로메테우스(하늘의 불을 훔쳐 인간에게 주었기 때문에 제우스의 분노를 산 그리스의 신)가 되었다고 썼다.

히틀러 같은 적에게 대항해야 한다는 강박관념에 핵폭탄 제조에 참여한 학자들은 원자폭탄의 피해를 직접 알게 된 뒤 심한 동요를 일으켰다. 그들은 핵폭탄이

가져올 파장을 우려해 더는 원자폭탄을 사용해서는 안 된다며 반대하기 시작했다.

1946년 아인슈타인은 1945년에 발족한 국제연합UN에 보낸 공개장에서 원자무기의 사용 금지를 호소했다. 그는 특히 독일이 원자폭탄을 만들어낼 능력이 없음을 안 뒤 루스벨트에 원자폭탄 개발을 진언했던 일을 후회하면서 노벨상 수상자인 라이너스 폴링Linus Pauling에게 다음과 같이 말했다.

"내 생애에서 저지른 가장 큰 실수는 루스벨트 대통령에게 원자폭탄을 만들라고 촉구하는 편지에 서명한 것이었네."

그는 또한 글에서 이렇게 썼다.

"원자력의 해방은 우리의 사고방식을 제외한 모든 것을 바꿔버렸다. 우리는 현재 이와 같이 전례가 없는 파국의 위험 앞에 놓여 있다. 인류가 살아남으려면, 인류는 새로운 방식으로 스스로의 본질적인 여러 가지 문제를 생각해야 할 것이다."

미국의 핵폭탄 개발에 결정적인 역할을 한 보어는 세계가 원자탄을 둘러싸고 어떻게 갈릴지를 경고하며, 1944년 윈스턴 처칠과 루스벨트를 찾아갔다. 그러나 처칠의 반응은 지극히 냉담했고 루스벨트는 동의하는 기미만 보였을 뿐 실질적인 조처는 취하지 않았다.

맨해튼 프로젝트의 수정이 모두 수포로 돌아가자 보어는 핵개발 기술을 구소련에도 알려주고 공동으로 기술을 관리해 원폭의 무차별한 확산을 방지할 필요가 있다고 강조했다. 이것을 보어의 '열린 세계Open World'라고 한다. 그러나 보어의 생각은 채택되지 않았고, 결국 전쟁 후 세계는 핵개발 경쟁에 휩싸인다.

패전국 독일의 원자물리학자들 중에서 가장 충격을 받은 사람은 오토 한이었다고 알려진다. 그가 세계에서 최초로 핵분열 반응을 발견했고, 이 연구로 원폭이 터지기 바로 1년 전에 노벨 화학상을 탔기 때문이다.

오토 한은 제2차 세계대전이 진행 중인데도 원자핵 분열로 1944년에 노벨 화학상 수상자로 선정되었는데, 당시의 노벨상 수여는 매우 기이하게 이루어졌다. 전쟁 중이라 시상식은 일반에게 공개되지 않았는데, 막상 수상자인 한은 자신의 수상 소식을 1945년 영국에서 전쟁포로의 몸으로 알게 되었다. 함께 포로로 잡힌 사람들이 그에게 노벨상 수상 소식이 실린 신문 기사를 보여준 것이다. 포로수용소 소장은 이를 축하해 평소보다 질이 좋은 저녁식사와 특별 위스키를 제공했다고 알려진다.

참고문헌

김민재, 「우주 마이크로파 배경 정밀 관측의 끝판왕」, 『사이언스타임스』, 2020년 11월 26일.

김병희, 「암흑 물질 발견 20년 논란 해결」, 『사이언스타임스』, 2011년 2월 6일.

김성원, 「우주의 시작에서 마지막까지 표준 우주 모델 시나리오의 기틀 마련」, 『과학동아』, 1993년 9월호.

김수봉, 「중성미자로 우주 생성 비밀을 푼다」, 『과학과기술』, 2005년 12월호.

김재완, 「땅속에서도 별을 본다」, 『과학과기술』, 2003년 6월호.

김지현 외, 「20세기 대우주탐험가 에드윈 허블」, 『과학동아』, 2000년 12월호.

김한별, 「우주 탄생 신비 풀 암흑 물질 단서 찾았다」, 『중앙일보』, 2013년 4월 5일.

김형근, 「허블 망원경과 허블」, 『사이언스타임스』, 2008년 8월 25일.

라대일, 「대폭발 이론이 태어나기까지」, 『과학동아』, 1992년 12월호.

박병소, 「세계 최초 원자로를 제작한 핵물리학의 아버지 엔리코 페르미」, 『원자력문화』, 2010년 7·8월호.

박병소, 「핵분열 연쇄 반응의 개념 창시자 레오 실라르드」, 『원자력문화』, 2010년 5·6월호.

박석재, 「우주는 모든 물질이 한 점에 모여 일으킨 대폭발의 결과」, 『신동아』, 2004년 신년호 특별부록.
박석재, 「태초 초고밀도의 한점-대폭발 급팽창」, 『과학동아』, 1995년 1월호.
박영무, 「21세기 한반도의 현실과 원자력 문제」, 『과학사상』, 2003년 여름(제45호).
삼천, 「막스 플랑크」, 『월간 과학』, 1986년 3월호.
송영선, 「[물리산책] 우주 배경 복사 빅뱅 이론의 검증」, 네이버캐스트, 2011년 11월 8일.
심재율, 「은하 형성이론 수정 불가피」, 『사이언스타임스』, 2018년 11월 2일.
오철우, 「물리학자 츠비키, '암흑 물질' 75년 전 발견」, 『한겨레』, 2008년 1월 17일.
원자력지식정보관문국, 「한, 슈트라스만, 마이트너, 푸리쉬에 의한 핵분열 현상의 발견」, 한국원자력연구원, 2001년 8월.
윤상식, 「우주의 미스테리, 암흑 에너지」, 『사이언스타임스』, 2021년 6월 11일.
이광현, 「[아하! 우주] 블랙홀이 '암흑 에너지' 원천이다…관측 증거 발견」, 『서울신문』, 2023년 2월 18일.
이명균, 「150억 년 우주 드라마」, 『과학동아』,1998년 2월호.
이상협, 「우주 나이는 1조 년이다」, 『동아사이언스』, 2006년 5월 18일.
이성규, 「지하 1천m에서 밝혀진 '유령 입자'」, 『사이언스타임스』, 2004년 10월 12일.
이슬기, 「빅뱅 없이 우주가 무한 팽창하고 있다?」, 『사이언스타임스』, 2013년 12월 19일.
이영완, 「[사이언스샷] "왜 네가 거기서 나와" 빅뱅 직후 다 큰 '어른 은하' 나왔다」, 『조선일보』, 2023년 2월 23일.
이영완, 「141억 년 우주의 과거, 자외선으로 되돌아본다」, 『조선일보』, 2004년 6월 21일
지웅배, 「[사이언스] 암흑 물질 vs 암흑 에너지, 헷갈리지 말아주세요 제발…」, 『비즈한국』, 2022년 6월 6일.
최준호, 「지하 1㎞ 개미굴 같은 동굴서 암흑 물질 검출, 우주 비밀 푼다」, 『중앙일보』, 2022년 8월 20일.
「2003년 최고 발견은 암흑 에너지」, 『동아사이언스』, 2003년 12월 23일.
「세페이드 변광성」, 위키백과.

「암흑에너지」, 나무위키.
「우주 비밀 밝혀지나. 암흑 물질 분포 최초 확인」, 연합뉴스, 2012년 2월 15일.
「우주팽창 속도 예상치보다 9% 빨라」, 『연합뉴스』, 2019년 4월 29일.
「정상상태 우주론 VS 빅뱅 우주론」, 한국천문연구원.
「조르주 르메트르」, 위키백과.
「Georges-Lemaitre」, www.britannica.com
hubblesite.org 참조.
김명자, 『과학기술의 세계』, 웅진, 2001.
김용준, 『사람의 과학』, 통나무, 1994.
노벨 재단, 『당신에게 노벨상을 수여합니다(노벨 물리학상)』, 바다출판사, 2014.
데이비드 엘리엇 브로디 · 아놀드 R.브로디, 이충호 옮김, 『내가 듣고 싶은 과학교실』, 가람기획, 2001.
류창하, 『핵, 터놓고 얘기합시다』, 김영사, 1992.
모리나가 하루히코, 이광필 옮김, 『방사능을 생각한다』, 전파과학사, 1993.
배리 파커, 『대폭발과 우주의 탄생』, 전파과학사, 1996.
빌 브라이슨, 이덕환 옮김, 『거의 모든 것의 역사』, 까치, 2005.
서울대학교 자연대 교수, 최재천 · 홍성욱 엮음, 『과학, 그 위대한 호기심』, 궁리, 2002.
송명재, 『아인슈타인의 실수』, 한국원자력문화재단, 1993.
송성수, 『청소년을 위한 과학자 이야기』, 신원문화사, 2002.
오진곤, 『틀을 깬 과학자들』, 전파과학사, 2002.
윤실, 『원자력과 방사선 이야기』, 전파과학사, 2010.
이인식 엮음, 『세계를 바꾼 20가지 공학기술』, 생각의 나무, 2004.
이종호, 『노벨상이 만든 세상(물리)』, 나무의꿈, 2007.
이종호, 『천재를 이긴 천재들』, 글항아리, 2007.
이지유, 『처음 읽는 우주의 역사』, 휴머니스트, 2013.
이춘근, 『과학기술로 읽는 북한 핵』, 생각의나무, 2010.
이필렬, 『영화로 과학읽기』, 지식의 날개, 2006.
이필렬 · 최경희 · 송성수 · 유네스코한국위원회, 『과학 우리 시대의 교양』, 세종서적, 2005.
이한음, 『우주로 가는 물리학』, 은행나무, 2022.

정갑수, 『물리법칙으로 이루어진 세상』, 양문, 2007.
정인경, 『동서양을 넘나드는 보스포루스 과학사』, 다산에듀, 2014.
제임스 콜먼, 『상대성 이론의 세계』, 다문, 1994.
제임스 트레필 · 로버트 M. 헤이즌, 이창희 옮김, 『교과서에서 배우지 못한 과학 이야기』, 고려원미디어, 1996.
존 말론, 김숙진 옮김, 『21세기에 풀어야 할 과학의 의문 21』, 이제이북스, 2003.
존 캐리 엮음, 『지식의 원전』, 바다출판사, 2006.
존 판던 · 앤 루니 · 알렉스 울프 · 리즈 고걸리, 김옥진 옮김, 『열정의 과학자들』, 아이세움, 2010.
찰스 플라워스. 『사이언스 오딧세이』, 가람기획, 1998.
케빈 피터 핸드, 조은영 옮김, 『우주의 바다로 간다면』, 해 나무, 2022.
피터 메시니스. 이수연 옮김, 『100 디스커버리』, 생각의날개, 2011.
하인리히 찬클, 전동열 · 이미선 옮김, 『과학사의 유쾌한 반란』, 아침이슬, 2009.
『20세기 대사건들』, 리더스다이제스트, 1985.
J. D. 버날, 『과학의 역사(3)』, 한울, 1995.

내 몫을
다했습니다

위대한 인생의 뒤안길

아인슈타인은 20세기 최고의 과학자로 칭송받았지만 그의 생활은 매우 검소했다. 백발이 제멋대로 자랐고, 신사복과 넥타이를 매는 정장 대신에 스웨터와 가죽 재킷을 주로 애용했다. 연주가 빰치는 바이올린 연주와 요트, 조정이 그의 취미이자 낙이었다.

그는 첨단 과학자로서 과학의 중요성을 강조하면서도 전지전능과 조화의 신을 믿었다. 덴마크의 유명한 물리학자 보어와 불확정성 원리에 대해 논쟁했을 때도 '신은 주사위 놀음을 하지 않는다'라고 말해, 보어를 화나게 했다는 이야기는 전설 아닌 전설이다.

© Orren Jack Turner

최고의 과학자였지만 매우 검소했던 아인슈타인.

그가 위대한 과학자의 상으로 만화나 SF 영화에서 모델이 되는 것은 허세를 부리거나 뽐내는 일이 없기 때문이다. 누구에게나 개방적이고 차별을 두지 않았다. 때로는 이웃에 사는 고교생에게 기하학 문제를 풀어주기도 했다. 그런데 그 문제의 답이 항상 정답은 아니었다고 한다. 영화감독들이 아인슈타인을 진정한 과학자의 상으로 만들기에 주저하지 않는 이유이기도 하다.

1948년 이스라엘이 독립했을 때 아인슈타인에게 대통령으로 취임해줄 것을 요청했지만 "대통령은 인간관계에 대한 이해를 필요로 한다"고 말하며 재빨리 사양했다.

책을 읽지 않는 학자

아인슈타인에게 다소 놀라운 점은 어른이 되면서 책을 거의 읽지 않았다는 사실이다. 이를 입증해준 이는 노벨 물리학상을 탄 일본의 물리학자 유카와다. 어느 날 그가 아인슈타인의 프린스턴 고등연구소를 방문했다. 그가 아인슈타인의 방에 들어가서 가장 놀란 것은 책이 전혀 보이지 않았다는 점이다. 유카와는 물리학의 기본을 새로 쓴 아인슈타인이라면 동서고금의 책과 문헌에 파묻힌 채 연구할 것이라고 상상했다.

그러나 아인슈타인의 책장에는 고전이라고 평가되는 유클리드의 『기하학 원론』과 뉴턴의 물리학 관계 서적 열권 정도가 꽂혀 있었고, 학회 논문집이나 증정 논문집 등을 모두 합하더라도 100권이 채 되지 않았다고 술회했다. 물론 아인슈타인도 학계의 최첨단 동향을 파악하기 위해 논문류는 자주 읽었다. 그러나 읽으나 마나 한 이미 완성된 이론을 정리한 교과서류에는 전혀 흥미가 없었다고 한다.

아인슈타인은 자신의 죽음을 미리 예상하고 있었다. 그는 사망하기 몇 달 전 친구에게 "늙은이에게 죽음은 해방처럼 올 것이네. 죽음이란 결국 갚아야 할 빚인 것 같네"라고 편지를 썼다. 1955년 4월 3일 동맥류가 파열되어 생명이 위험하다는 것을 알았지만 그는 생명을 연장하기 위해 아무것도 하려 하지 않았다. 그는 주치의에게 이렇게 말했다.

"나는 내 몫을 다했습니다. 이제 갈 시간이 되었습니

다."

1955년 4월 18일 새벽 아인슈타인은 76세의 나이로 조용하게 세상을 떠났다. 아인슈타인이 지구상에서 얼마나 인정받는 사람인가는 그의 일반 상대성 이론 수학 공식이 담긴 자필 원고가 2021년 11월 프랑스 파리에서 열린 크리스티 경매에서 1160만 유로(155억 원)에 낙찰됐다는 것으로도 알 수 있다. 당초 예상가는 200만~300만 유로(약 28억~41억 원)인데 무려 네 배의 가격에 낙찰된 것이다.

이 원고는 1913년에서 1914년 스위스 취리히에서 아인슈타인이 친구 미셸 베소와 공동으로 작성한 것이다. 52쪽 분량에 1915년 일반 상대성 이론 발표를 위한 사전 작업이 담겨 있다. 이 중 26쪽은 아인슈타인이, 25쪽은 베소가 작성했고, 나머지 3쪽은 공동으로 썼다.

아인슈타인의 원고는 계속 상종가를 치고 있다. 2018년 아인슈타인의 신과 종교에 대한 성찰이 담긴 이른바 '신의 편지'가 미국 뉴욕의 크리스티 경매에서 290만 달러(약 34억 원)에 낙찰됐다. 또한 2017년에는 행복한 삶에 대한 아인슈타인의 충고가 담긴 편지가 예루살렘에서 156만 달러(약 19억 원)에 팔렸다.

아인슈타인의 첫째 부인, 천재 과학자 밀레바

아인슈타인의 업적에 대해서는 워낙 많은 자료가 있지만, 부정적인 자료도 예상보다 많다. 우선 아인슈타인에게는 모욕적으로 들리겠지만, 그의 상대성 이론은 원래 다른 사람의 업적이라는 주장도 있다. 그 주인공은 아인슈타인의 첫째 부인이었던 천재 과학자 밀레바 마리치Mileva Marić, 1875~1948다.

취리히공과대학교에 입학한 아인슈타인은 1896년 그보다 네 살 연상으로 수학과 과학부에 입학한 밀레바 마리치를 만났다. 밀레바는 세르비아의 부유한 가정에서 태어났고. 고등학교 시절부터 수학과 과학에 탁월한 재주를 보여 당시 자연과학의 중심지 중 한 곳인 스위스에서 공부했다. 그녀가 스위스에 유학 간 것은 여자도 졸업이 가능했기 때문이다.

밀레바는 속물적인 근성이 없는, 아인슈타인과 같

은 부류의 사람이었다. 두 사람은 1903년 부모의 반대에도 결혼했다. 그들의 결혼이 늦어진 것은 아인슈타인의 어머니가 강력하게 두 사람의 결혼을 반대했기 때문이다.

아인슈타인의 어머니는 아들보다 네 살 위인 밀레바가 나이가 너무 많다고 생각했다. 또한 지나치게 똑똑한 것도 싫어했다. 어머니는 그에게 "그 애는 너처럼 책 같은 애잖니. 네겐 여자가 필요해"라고 말했다. 아인슈타인은 통속적인 이런 견해에 맞서 싸우기보다 결혼을 미루었다.

대학교 졸업 논문을 준비하던 밀레바에게 아이가 생겼다. 밀레바는 수학자로서의 성공을 포기하고 고향 세르비아로 돌아갔다. 그녀는 아무도 모르게 1902년 1월 아인슈타인의 딸 리셀을 낳았고, 두 사람은 1903년에 결혼했다. 리셀은 두 살 때 사망했다.

밀레바가 현대 과학사에서 큰 자리를 차지하는 이유는 밀레바가 과학도로서의 꿈을 접고 아인슈타인의 연구를 도왔기 때문이다. 그녀는 아인슈타인의 동료가 아니라 아내였으므로 남편이 유명해지는 것을 당연하게 여겼다.

아인슈타인과 그의 첫 부인 밀레바 마리치.

현대의 학자들은 1890년대부터 아인슈타인을 가장 유명하게 만든, 1905년에 발표한 세 가지 주요 발견(상대성 이론, 광전 효과, 브라운 운동)의 진짜 주인공은 아인슈타인이 아니라 바로 그의 아내인 밀레바라는 주장을 펴기도 한다.

이런 주장은 그들의 대학 시절에서 비롯한다. 아인슈타인은 밀레바와 함께 당시의 최첨단 물리학을 연구했다. 아인슈타인이 특히 취약했던 수학에 밀레바는 능통했는데, 그녀가 아인슈타인의 친구인 그로스만과 함께 상대성 이론의 복잡한 수학 문제를 풀어준 장본인으로 알려졌다.

밀레바는 또한 1897년부터 다음 해까지 하이델베르크에 머물면서 필리프 레나르트Philipp Lenard의 영향을 받고 '분자의 운동과 충돌로 이동한 경로 사이의 관계'에 대한 자신의 생각을 아인슈타인에게 편지로 보냈다. 그것이 이후 아인슈타인의 브라운 운동에 대한 연구의 출발점이라고 추정하기도 한다.

밀레바가 아인슈타인의 과학 연구에서 보인 역할은 아인슈타인이 그녀에게 보낸 편지에서 찾아볼 수 있다. 1897년 대학에서 만났을 때부터 두 사람의 결혼 직후까지 주고받았던 편지는 모두 54통이다. 편지에서 아인슈타인은 움직이는 물체의 전자기학에 관한 연구를 언급하면서, 상대성 운동을 '우리의 이론' 또는 '우리의 연구'라고 표현했다. 또한 그는 노벨상을 받으면 상금 전액을 밀레바에게 주겠다고 약속했는데, 이는 상대성 이론에 대한 밀레바의 공헌을 스스로 인정한 것이라고 학자들은 추정했다. 아인슈타인은 그 약속을 지키지 않고 절반만 지급했다.

두 사람의 관계는 아인슈타인이 점점 유명해지면서 벌어지기 시작했다. 부부는 1913년 별거에 들어갔고, 1919년에 이혼했다. 밀레바는 아인슈타인의 두 아들을 키우다가 1948년에 사망했다.

20세기 최고의 과학자라는 아인슈타인의 사생활과 창의성에 따라다니는 루머는 과학자들을 매우 곤혹스럽게 만들었다. 가장 큰 지적은 상대성 이론을 비롯한 물리학적 연구의 상당 부분을 아내 밀레바의 도움을 받았다는 사실이다. 또 하나는 그의 비인간적인 면모다. 결혼 전에 비밀리에 딸을 얻었음에도 그 사실을 끝까지 숨겼고, 두 번째 결혼인 사촌 엘자와의 결혼도 비극으로 몰고 갔다.

오늘날 과학자들은 사회와 동떨어져 고독하게 자연에 대한 탐구를 할 수 없다고 믿는다. 그러므로 과학자 개인의 이름으로 기억되는 많은 과학적 업적은 과학자 당사자 주변에 있던 많은 사람의 조언과 협조로 이루어낸 노력의 결집으로 볼 수 있다. 그런 의미에서 동료이자 천재 과학자였던 밀레바의 도움을 받은 것은 지극히 당연한 일이라는 시각이다.

문제는 아인슈타인이 밀레바에게 받은 학문적 도움을 끝까지 표현하지 않았다는 데 있다. 일반적으로 논문의 말미에 첨가하는 참고 문헌과 감사의 글은 논문이 나오기까지 도움을 준 사람에 대한 최소한의 예의를 지키기 위한 장치다.

그러나 아인슈타인은 이를 비밀에 부쳤다는 것이다. 아인슈타인이 밀레바의 도움을 언급할 필요가 없다고 생각할 수 있고, 밀레바도 남편에 대한 공헌을 당연한 것으로 생각했을지 모른다. 그러나 밀레바와 아인슈타인의 관계에 대한 최근의 연구는 지금까지 선한 측면만 부각된 신격화된 아인슈타인의 이미지가 '뒤틀려진 아인슈타인'으로 변할 수도 있음을 보여준다.

물론 대부분의 학자는 아인슈타인을 옹호한다. 과

학자란 도덕적 인간성을 갖추고 모든 면에서 완벽한 성인이 아니라 단지 과학 분야에서 다른 사람보다 조금 더 정진한 사람에 불과하다는 것이다. 특히 아인슈타인은 꼭 필요한 경우 외에는 대인관계를 맺지 않으려고 했다. 그것은 자신의 성격이 타인과 갈등을 일으킨다는 것을 잘 알고 있었기 때문이다.

심리학자 하워드 가드너는 다음과 같이 세계적인 천재의 상반된 성격을 설명했다.

> "아마도 아인슈타인은 개인적인 인간관계의 굴레에 연연해하지 않았기 때문에 세계 전체를 위해 전적으로 헌신할 수 있었을 것이다."

여하튼 아인슈타인은 원대한 성공을 거두었다. 그것도 천재로서의 성공이다. 그러므로 아인슈타인은 그런 과학자들 중에서 가장 유명하기 때문에 유명세를 타고 있으며 비난도 받는다고 생각한다.

'밀레바의 역할은 코미디'

천하의 아인슈타인에게 비인간적인 면이 있다는 것은 보통 사람들에게 호재일 수밖에 없다. 특히 아인슈타인을 능가할지 모르는 밀레바에 대한 공적을 인정하지 않았다는 점은 과장에 과장을 더해 세계적으로 큰 반향을 불러일으켰다.

아인슈타인처럼 유명한 사람의 진면목을 추적하는 사람이 없을 리 없다. 그런데 독일의 과학자 하인리히 창클은 아인슈타인과 밀레바의 사건은 한마디로 코미디라고 단언한다. 아인슈타인이 상대성 이론을 구상할 때 밀레바가 도왔다는 자체가 거짓이라는 것이다.

창클은 아인슈타인과 밀레바의 이야기가 어디서 유래했는지 출처를 확인한 결과, 데상카 트르부호빅귀리치란 세르비아인에게서 나온 이야기임을 밝혔다. 당시 유럽에서 민족주의 기운이 일어나자, 데상카가 자기 나라 사람인 밀레바가 아인슈타인이라는 유명한 남편이 하는 작업에 커다란 몫을 했다는 이야기를 지어 1969년 유고슬라비아에서 출간했다는 것이다.

데상카가 낸 책에는 조페란 물리학자가 아인슈타

인의 논문들 가운데 아주 중요한 세 편의 논문 서명이 '아인슈타인 마리치'로 되어 있는 것을 확인했다고 적혀 있다. 그런데 창클은 그녀가 인용한 자료로 제시한 조페의 책 『아인슈타인에 대한 기억들』에는 아인슈타인의 부인이 공동 저자였다는 말은커녕 그와 유사한 말도 없다는 것을 확인했다. 오히려 밀레바가 학교 때부터 수학 실력이 너무 형편없었기 때문에 시험에도 통과하지 못했다는 내용이 있었다.

창클은 이와 같이 확실한 증거가 있음에도 세르비아의 여성운동가인 센타 트뢰멜플뢰츠가 미국 학술진흥재단이 주최한 학회에서 데상카에 대해 이야기함으로써 세르비아의 동화에 다시 불을 지폈고, 언론들이 이를 과장해 계속 보도했다고 주장한다.

물론 아인슈타인이 편지에 '우리의 이론' 또는 '우리의 연구'라는 표현을 사용한 것을 볼 때 서로 상의했을 가능성까지 부정할 수는 없다. 그러나 밀레바가 상대성 이론을 비롯해 그의 연구에 큰 기여를 하지 않았다는 뜻으로, 아인슈타인이 자신이 발표한 연구 논문의 참고 문헌 등에 그녀의 이름을 적시하지 않았다면 문제가 없다고 창클은 주장한다.

천재 아인슈타인의 두뇌

아인슈타인이 사망하자 학자들은 그가 어떻게 세계적인 천재가 되었는지 그 비결과 원인을 찾는 데 열중했다. 학자들이 당초 해명하려고 했던 질문은 '천재성의 증거는 뇌에 어떻게 나타나 있나?'이다. 아직 이에 대한 결론은 '명확한 답은 없다'지만, 몇 가지 놀라운 사실이 밝혀졌다.

1955년 사망한 알베르트 아인슈타인의 부검을 담당한 병리학자 토마스 하비는 천재 물리학자의 '뇌 소유권'을 천명했다. 그러나 아인슈타인 가족의 동의가 없었고, 이 때문에 하비는 직업을 잃게 된다. 그럼에도 하비는 아인슈타인의 뇌를 지니고 여행을 다녔다. 아인슈타인의 손녀를 만나러 갈 때 플라스틱 통에 넣어 들고 가기도 했으며, 연구 목적이라는 명분으로 아인슈타인의 뇌에서 수많은 '슬라이스'를 떼어내었다.

이들 자료로 아인슈타인 뇌에 대해 몇 가지 특징을 제시했다.

첫째, 전두엽에서 얻은 슬라이스로 연구한 결과, 대뇌 피질이 얇다는 사실이 확인되었다. 미국 버밍엄 앨

세기가 낳은 천재 아인슈타인. 그가 사망하자 학자들은 그의 두뇌 연구에 열중했다.

라배마대학교의 뇌과학자들은, 천재의 뇌에서는 뉴런의 밀도가 대단히 높고, 뉴런 간 전도 시간이 짧아 사고가 아주 빠르게 이루어졌을 것으로 추정했다. 그러나 이 연구는 실험 자료의 부족함 때문에 거의 주목을 받지 못했다.

토마스 하비는 부검 당시 아인슈타인의 뇌 무게를 쟀는데 2.7파운드(약 1.22킬로그램)이었다. 한 연구에서 얻은 성인 남성의 평균 뇌 무게보다 약 0.14킬로그램 가벼웠다. 이는 통설적으로 이해되었던 큰 뇌가 탁월한 지능의 필요조건은 아니라는 논리로 인용되기도 하지만, 아인슈타인과 일반인의 뇌 무게 차이는 크게 중요한 것이 아니라는 주장도 있다.

1984년 캘리포니아대학교 버클리UCB의 신경과학자 매리언 다이아몬드는 하비가 보내온 슬라이스들로 뉴런과 글리아 세포의 비율을 계산했다. 글리아 세포는 뉴런을 지탱하고 자양분을 제공하는데, 아인슈타인의 뇌에서 뉴런당 글리아 세포가 평균보다 73퍼센트 더 많았다. 이 점이 아인슈타인이 어떤 개념을 창안하는 데 탁월한 능력을 발휘하도록 했을 것이라는 주장도 있으나 이 연구 결과도 흠이 많다는 지적을 받았다.

캐나다 맥마스터대학교의 과학자들은 아인슈타인의 두정엽에서 반구半球가 일반인에 비해 1센티미터 혹은 15퍼센트 정도 더 넓은 것을 확인했다. 시각과 수학적 사고를 관장하는 두정엽이 발달했다는 사실은 그의 천재성의 증거로 여겨졌고, 이 연구는 널리 주목을 받았다.

아인슈타인이라는 천재의 뇌가 과학자들은 물론 일반인들의 큰 관심을 받아온 것은 사실인데, 2017년 매우 놀라운 연구 결과가 발표되었다. 캘리포니아대학교 샌프란시스코UCSF 뇌과학자 수잔나 로지는 ISRIB란 물질이 기억력 재생에 효과가 있다는 사실을 발표했다. 기억력 회복에 대한 약물 효과가 동물 실험을 통해 확인되었다는 것이다.

로지는 쥐들을 두 부류로 분류한 후 피스톤을 사용해 한쪽에 있는 쥐들에게 충격을 가했다. 사람이 교통사고를 당할 때 받을 정도의 충격이었다. 그리고 두 부류의 쥐들에게 28일 동안 휴식을 주었다. 그 후 두 부류의 쥐들에게 특별히 제작된 미로를 따라 수영할 수 있도록 한 뒤, 쥐들이 그 미로를 기억하고 헤엄쳐갈 수 있는지 비교 분석했다. 그 결과 건강한 쥐들은 미로 찾기에 쉽게 적응해 나갔다. 그러나 충격을 받은 쥐들은 미로 찾기에 애를 먹는 것으로 나타났다.

연구팀은 충격을 가했던 쥐 뇌에 ISRIB를 주입했다. 일주일 후 이 쥐들은 기억력을 회복해 건강한 쥐처럼 미로를 헤엄쳤다는 보고서를 발표했다. 텍사스대학교 티모시 듀옹 교수팀도 메틸렌블루methylene blue 성분이 기억과 집중력을 향상시켰다는 연구 결과를 발표한 적이 있다. 이들 결과는 기억력 회복이란 난제를 풀 희망을 갖게 했다는 데 의미가 있다.

이런 내용은 기억물질로 파생될 수 있는 수많은 가능성을 제시했는데, 영국의 『옵저버』는 2050년이면 인간의 의식을 슈퍼컴퓨터로 다운받아 저장할 수 있다고 전망했다. 브리티시텔레콤의 미래학 팀장 이언 피어슨도 2075~2080년에는 이 기술이 널리 보급돼 누구나 이용할 것이라고 전망했는데, 이 내용은 그야말로 큰 파장을 초래했다. 기억을 저장한다는 것은 인간이라는 실체를 저장할 수 있을지도 모른다는 원대한 생각을 꿈꾸게 만드는 요인이 되었기 때문이다.

영화 〈너바나〉는 사망한 여자의 뇌에 있는 기억을 칩으로 빼내어 다른 사람의 머리에 주입하면 기억을 그대로 복구한다는 내용을 다룬다. 이것은 기억이 기억물질로 되어 있다는 것을 의미한다. 실제로 1999년 미국의 하버드대, 프린스턴대, MIT, 워싱턴대 유전공학 공동연구팀은 기억력과 학습 능력을 향상시키는 유전자를 쥐의 수정란에 주입, 보통 쥐보다 훨씬 지능이 뛰어난 쥐 '두기'를 탄생시키는 데 성공했다.

이 쥐는 두뇌의 연상 능력을 제어하는 유전자로 지능 발달에 핵심적인 역할을 하는 NR2B라는 유전자를 갖고 태어났다. 이 똑똑한 쥐는 이전에 한 번 보았던 레고 장난감의 한 조각을 알아봤고, 물속에 숨겨둔 받침대의 위치를 찾아내었으며, 언제 가벼운 충격을 받을지를 미리 알아차리는 등 다른 쥐들보다 뛰어난 지능을 나타냈다. 요컨대 포유류에서 최초로 유전자 조작으로 학습과 기억 능력을 향상시킬 수 있음이 입증된 셈이다.

이 연구 결과가 큰 반향을 불러일으킨 것은 사람의 NMDA 수용체가 생쥐의 그것과 거의 유사하기 때문이다. 일부 학자들은 기억력과 학습 능력 또는 IQ의 향상을 유전 조작이라는 수단을 통해 전수가 가능하다고 기염을 토했다. 그렇게 되면 암기력 위주의 시험은 앞으로 사라질 것이며, 대신 학습된 지식을 어떻게 활용할 수 있느냐를 주로 시험하게 된다고 추측했다. 이 말은 인간의 기억물질만 분석한다면 어떤 방법으로든 기억을 전수시킬 수 있다는 뜻과 다름 아니다. 4차 산업혁명 시대에 머리가 좋아지는 약이 개발된다는 데 싫어할 사람은 없을 것이다.

기억의 전달이 가능하다는 것, 즉 전달되는 기억은 개별적이라는 것은 매우 중요한 추론을 가능하게 만들어준다. '학생은 선생님에게 배우는 것보다 선생님을 먹어버리는 것이 더 교육적인 효과가 있다'는 농담도 그 후에 나왔다. 가장 현명한 방법은 인류 역사상 최고의 천재라는 아인슈타인의 뇌를 먹는 것이다. 이를 두고 앞으로 세계적인 천재들은 자신들이 천재라는 것을 숨기고 살아야 한다고 말할 정도이다.

아직 아인슈타인이 어떻게 천재가 될 수 있었는지는 알려지지 않았지만, 천재를 만드는 물질이 가능하다는 것은 인류에게 큰 희망을 준다. 천재가 가진 특정 물질을 무한 복제한다면 지구인 모두 천재가 될 수 있다는 희망도 주기 때문이다.

김연주, 「[숨어 있는 세계사] “나는 똑똑한 것이 아니라 문제를 오래 연구할 뿐이다”」, 『조선일보』, 2021년 6월 30일.

김영, 「남의 흠집만 들추어낸 물리학자 파울러」, 『대중과학』, 2010년 1월호.

김정선, 「우주는 ‘시공간’…아인슈타인이 옳았다」, 『경향신문』, 2007년 4월 15일.

김제완, 「[과학 이야기] 생활 주변에 살아 있는 아인슈타인」, 『뉴스메이커』, 2007년 11월 22일.

김훈기, 「과학자들의 사생활」, 『과학동아』, 1998년 12월호.

김희원, 「우주 탄생 비밀 밝혀줄 중력파를 찾아라」, 『서울경제』, 2008년 2월 18일.

박근태, 「올 노벨과학상이 주목한 건 생체시계 · 중력파」, 『한국경제』, 2017년 10월 9일.

박미용, 「숱한 증명실험 통과한 상대성 이론」, 『과학동아』, 2004년 6월호.

서유헌, 「기억이란?」, 네이버캐스트, 2010년 3월 8일.

오철우, 「73억 광년 날아온 빛의 속도 아인슈타인 상대성 이론 살려」, 『한겨레』, 2009년 11월 4일.

유디트 라우흐, 「다시 돌아보는 천재의 삶」, 『리더스다이제스트』, 2005년 4월호.

윤태현, 「레이저로 측정 한계 극복하다」, 『과학동아』, 2005년 11월호.

이강봉, 「기억력 재생, 약물로 가능하다?」, 『사이언스타임스』, 2017년 7월 12일.

이나무, 「1.2kg 아인슈타인의 뇌, 여전한 미스테리」, 이글루 팝뉴스, 2008년 1월 12일.

이영완, 「1세기 전 아인슈타인 가설, 다 맞았다」, 『조선일보』, 2011년 5월 24일.

이영완, 「사이언스지 선정 ‘올해의 10대 과학 뉴스’」, 『 조선일보』, 2004년 12월 16일.

이의진, 「아인슈타인이 직접 쓴 상대성 이론 원고 155억 원에 낙찰」, 『연합뉴스』, 2021년 11월 24일.

이인식, 부록 「양자 세계의 미스터리」, 마이클 클라이튼, 이무열 옮김, 『타임라인』, 김영사, 2000.
이충환, 「[과학 이야기] 중력파 검증하는 우주등대 '펄서'」, 『뉴스메이커』, 2007년 11월 13일.
장회익, 「절대시간은 없고 거꾸로 흐르지 않는다」, 『과학동아』, 1998년 2월호.
정재승, 「적외선으로 보는 세상」, 『과학동아』, 1997년 1월호.
홍대길, 「아니수타인 박사를 모셔라」, 『과학동아』, 2005년 7월호.
홍익희, 「지진아 아인슈타인 깨운 3가지…나침반 · 바이올린 · 토론」, 『조선일보』, 2022년 8월 23일.
「음주 측정기의 원리」, 『대중과학』, 2007년 제7호.
「핵융합 시 온도가 1억 도를 넘는다는데! 그 높은 온도를 견디는 시설이 있나요?」, 한국원자력문화재단, 2010년 10월 14일.
게오르그 포프, 박의춘 옮김, 『위대한 사람은 어떻게 꿈을 이뤘을까』, 좋은생각, 2003.
김형자, 『과학에 둘러싸인 하루』, 살림, 2008.
나이절 콜더, 김기대 옮김, 『아인슈타인의 우주』, 미래사, 1991.
레슬리 앨런 호비츠, 박영준 · 이동수 옮김, 『유레카』, 생각의 나무, 2003.
박부성, 『천재들의 수학노트』, 향연, 2004.
빌 브라이슨, 이덕환 옮김, 『거의 모든 것의 역사』, 까치, 2005.
서울대학교자연과학대학교수 31인, 『21세기와 자연과학』, 사계절, 1994.
수 넬슨 · 리어드 홀링엄, 이충호 옮김, 『판타스틱 사이언스』, 웅진닷컴, 2005.
스티븐 존슨, 김한영 옮김, 『미래와 진화의 열쇠 이머전스』, 김영사, 2004.
야마다 히로타카, 이면우 옮김, 『천재 과학자들의 숨겨진 이야기』, 사람과책, 2002.
이세용, 『내가 가장 닮고 싶은 과학자』, 유아이북스, 2017.
이인식, 『이인식의 과학생각』, 생각의나무, 2002.
이필렬 외, 『영화로 과학읽기』, 지식의날개, 2006.
정갑수, 『물리 법칙으로 이루어진 세상』, 양문, 2007.
정은성, 『초딩도 아는 상대성 이론』, 민영과학사, 2013.
제레미 번스타인, 이상헌 옮김, 「$E=mc^2$과 아인슈타인」, 바다출판사, 2002.
제임스 E. 매클렐란 3세 · 해럴드 도른, 전대호 옮김, 『과학과 기술로 본 세계사 강의』, 모티브, 2006.
제임스 콜먼, 『상대성 이론의 세계』, 다문, 1994.
제임스 트레필 · 로버트 M. 헤이즌, 이창희 옮김, 『교과서에서 배우지 못한 과학 이야기』, 고려원미디어, 1996.
존 케리 엮음, 이광렬 · 박정수 옮김, 『지식의 원전』, 바다출판사, 2006.
존 판던 · 앤 루니 · 알렉스 울프 · 리즈 고걸리, 김옥진 옮김, 『열정의 과학자들』, 아이세움, 2010.
최선화, 『노벨상 수상자들의 학습 이야기』, 연변인민출판사, 2009.
칼 크루스젤니키, 안정희 옮김, 『엉터리 과학 상식 바로잡기』, 민음인, 2009.
트레이시 터너 · 리처드 혼, 정범진 옮김, 『기발한 지식책』, 웅진주니어, 2010.
폴 데이비스, 류시화 옮김, 『현대물리학이 발견한 창조주』, 정신세계사, 1988.
피터 메시니스. 이수연 옮김, 『100 디스커버리』, 생각의날개, 2011.
하인리히 창클, 도복선 옮김, 『과학의 사기꾼』, 시아출판사, 2006.
한국과학문화재단, 『교양으로 읽는 과학의 모든 것』, 미래M&B, 2006.

1) 이상욱 · 장대익 · 이상욱 · 이중원, 『과학으로 생각한다』, 동아시아, 2007.
2) 레토 슈나이더, 이정모 옮김, 『매드 사이언스 북』, 뿌리와이파리, 2014.
3) 『물리법칙으로 이루어진 세상』, 정갑수, 양문, 2007.
4) 존 판던 · 앤 루니 · 알렉스 울프 · 리즈 고걸리, 김옥진 옮김, 『열정의 과학자들』, 아이세움, 2010; 박석재, 「파란만장한 블랙홀 자서전」, 『과학동아』, 1997년 5월호.
5) 박진희, 「블랙홀 둘러싼 거장과 신인의 싸움」, 『과학동아』, 2004년 9월호.
6) 수 넬슨 · 리처드 홀림엄, 이충호 옮김, 『판타스틱 사이언스』, 웅진닷컴, 2005.
7) 한국과학문화재단, 『교양으로 읽는 과학의 모든 것』, 미래M&B, 2006.
8) 「21세기판 상대성 이론 입문」, 『뉴턴』, 2004년 4월호.
9) 박석재, 「우주는 모든 물질이 한 점에 모여 일으킨 대폭발의 결과」, 『신동아』 2004년 신년호 특별부록.
10) https://www.britannica.com/biography/Georges-Lemaitre
11) 박석재, 「우주는 모든 물질이 한 점에 모여 일으킨 대폭발의 결과」, 『신동아』 2004년 신년호 특별부록.
12) 박석재, 「태초 초고밀도의 한 점-대폭발 급팽창」, 『과학동아』, 1995년 1월호.; 이명균, 「150억 년 우주 드라마」, 『과학동아』, 1998년 2월호.
13) 김민재, 「우주 마이크로파 배경 정밀 관측의 끝판왕」, 『사이언스타임스』, 2020년 11월 26일.
14) 라대일, 「대폭발 이론이 태어나기까지」, 『과학동아』, 1992년 12월호.
15) 이상협, 「우주 나이는 1조 년이다」, 『동아사이언스』, 2006년 5월 18일.
16) 지웅배, 「[사이언스] 암흑 물질 vs 암흑 에너지, 헷갈리지 말아주세요 제발…」, 『비즈한국』, 2022년 6월 6일; https://hubblesite.org/contents/news-releases/2022/news-2022-005
17) 오철우, 「물리학자 츠비키, '암흑 물질' 75년 전 발견」, 『한겨레』, 2008년 1월 17일; 이지유, 『처음 읽는 우주의 역사』, 휴머니스트, 2013.
18) 「김병희, 「암흑 물질 발견 20년 논란 해결」, 『사이언스타임스』, 2011년 2월 6일; 이성규, 「지하 1천m에서 밝혀진 '유령 입자'」, 『사이언스

타임스』, 2004년 10월 12일.

19) 「우주 비밀 밝혀지나. 암흑 물질 분포 최초 확인」, 연합뉴스, 2012년 2월 15일; 서울대학교 자연대 교수, 최재천 · 홍성욱 엮음, 『과학, 그 위대한 호기심』, 궁리, 2002; 김한별, 「우주 탄생 신비 풀 암흑물질 단서 찾았다」, 『중앙일보』, 2013년 4월 5일; 오철우, 「물리학자 츠비키, '암흑 물질' 75년 전 발견」, 『한겨레』, 2008년 1월 17일; 최준호, 「지하 1㎞ 개미굴 같은 동굴서 암흑 물질 검출, 우주 비밀 푼다」, 『중앙일보』, 2022년 8월 20일.

20) 지웅배, 「[사이언스] 암흑 물질 vs 암흑 에너지, 헷갈리지 말아주세요 제발…」, 『비즈한국』, 2022년 6월 6일; https://hubblesite.org/contents/news-releases/2022/news-2022-005

21) 「암흑에너지」, 나무위키.

22) 윤상식, 「우주의 미스테리, 암흑 에너지」, 『사이언스타임스』, 2021년 6월 11일.

23) 이광현, 「[아하! 우주] 블랙홀이 '암흑 에너지' 원천이다…관측 증거 발견」, 『서울신문』, 2023년 2월 18일; 존 말론, 김숙진 옮김, 『21세기에 풀어야 할 과학의 의문 21』, 이제이북스, 2003; 배리 파커, 『대폭발과 우주의 탄생』, 전파과학사, 1996.

24) 이영완, 「[사이언스샷] "왜 네가 거기서 나와" 빅뱅 직후 다 큰 '어른 은하' 나왔다」, 『조선일보』, 2023년 2월 23일.

25) 존 말론, 김숙진 옮김, 『21세기에 풀어야 할 과학의 의문 21』, 이제이북스, 2003; 『이지유, 『처음 읽는 우주의 역사』, 휴머니스트, 2013.

26) 배리 파커, 『대폭발과 우주의 탄생』, 전파과학사, 1996.

알베르트 아인슈타인

© 이종호, 2023

초판 1쇄 2023년 5월 2일 찍음
초판 1쇄 2023년 5월 12일 펴냄

지은이 | 이종호
펴낸이 | 강준우

기획 · 편집 | 박상문, 김슬기
디자인 | 최진영
마케팅 | 이태준
인쇄 · 제본 | 제일프린테크

펴낸곳 | 인물과사상사
출판등록 | 제17-204호 1998년 3월 11일

주소 | (04037) 서울시 마포구 양화로7길 6-16 서교제일빌딩 3층
전화 | 02-471-4439
팩스 | 02-474-1413

ISBN 978-89-5906-691-9 03420
값 17,000원

저작물의 내용을 쓰고자 할 때는 저작자와 인물과사상사의 허락을 받아야 합니다.
파손된 책은 바꾸어 드립니다.